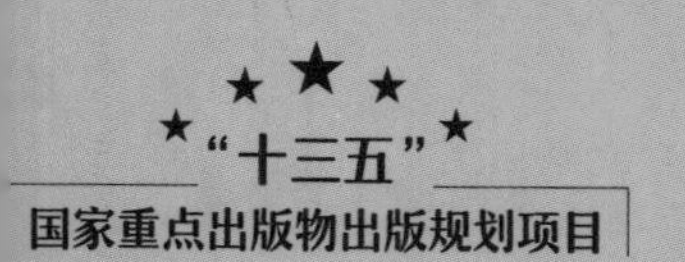

Scratch3.0 创意编程入门

启蒙计算思维，玩转AI时代

■ 胡畔 著

Getting started with Scratch3.0

个编程案例，
轻松学会 Scratch 编程技巧

使用流程图讲解编程设计思路，
快速培养编程思维

赠送 48 节微课，
跟着视频学编程，更直观

人民邮电出版社
北京

图书在版编目（CIP）数据

Scratch3.0创意编程入门 : 启蒙计算思维，玩转AI
时代 / 胡畔著. -- 北京 : 人民邮电出版社，2019.8（2019.12重印）
（创客教育）
ISBN 978-7-115-52101-9

Ⅰ. ①S… Ⅱ. ①胡… Ⅲ. ①程序设计－少儿读物
Ⅳ. ①TP311.1-49

中国版本图书馆CIP数据核字(2019)第202629号

内容提要

编程教育的本质是一种思维训练，其中最为关键的是培养学生的计算思维。计算思维是运用计算机科学的基础概念进行问题求解、系统设计及理解人类行为的思维方式。Scratch以一种可视化、形象化、模块化的编程方式重新定义了程序设计，极大地降低了编程学习的门槛，让小学生学习编程成为可能。

本书作者胡畔博士是佛山科学技术学院创客与STEAM教育中心主任，长期致力于青少年创客教育与STEAM教育研究及中小学创客教师培训工作。本书编写的主要目的是帮助青少年开发系统化的编程思维并掌握程序设计的基本概念与核心思想，启蒙并培养学生的计算思维能力与创新创造能力，为其将来学习其他编程语言奠定基础。

本书内容以项目任务形式进行编排，由易到难，循序渐进，通过对任务进行层层分解，培养青少年分析问题与解决问题的能力。书中借助大量图形、图表对复杂抽象的知识进行可视化呈现与描述，为青少年搭建认知的桥梁。同时，在每课内容中融入游戏元素与STEAM跨学科知识，培养青少年对编程的兴趣及运用综合知识解决问题的能力。

◆ 著　　　　胡　畔
责任编辑　韩　蕊
责任印制　周昇亮
◆ 人民邮电出版社出版发行　　北京市丰台区成寿寺路11号
邮编　100164　　电子邮件　315@ptpress.com.cn
网址　http://www.ptpress.com.cn
临西县阅读时光印刷有限公司印刷
◆ 开本：787×1092　1/16
印张：8.25　　　　2019年8月第1版
字数：263千字　　　　2019年12月河北第2次印刷

定价：69.00元

读者服务热线：(010)81055493　印装质量热线：(010)81055316
反盗版热线：(010)81055315
广告经营许可证：京东工商广登字20170147号

前 言

在十多年前第一次给大学生讲授 C 语言课程的时候，踌躇满志的我希望能够藉此引导学生爱上编程，并从此在编程的道路上自由探索、尽情驰骋。然而课程结束后我却发现，对于很多刚刚接触计算机编程的学生来说，掌握程序设计的核心思想与思维方式并不容易。

如果在十年前谈论在小学开展编程教育，我会认为完全不切实际。然而，近年来，当我开始关注青少年编程教育并接触 Scratch 后，这一观念被彻底颠覆。Scratch 以一种可视化、形象化、模块化的编程方式重新定义了程序设计，极大地降低了编程学习的门槛，让小学生学习编程成为可能。Scratch 在充分把握青少年的认知特点与编程教育本质特征的基础上，为青少年搭起了一座通往编程殿堂的七色彩虹桥。

编程教育的本质是一种思维训练，其中最为关键的是培养学生的计算思维。计算思维是运用计算机科学的基础概念进行问题求解、系统设计及理解人类行为的思维方式。在人工智能时代，数字化、计算化和智能化渗入社会生活各个方面，深刻影响并改变人们的生活方式和思维方式，计算思维必然成为社会公民的核心素养。近年来，编程教育在我国基础教育领域受到广泛重视，并呈现不断向低龄化发展的趋势。不管是中小学校还是社会培训机构，大都开设了以 Scratch 为代表的积木式编程课程。然而，在深入接触一线编程教学过程中，我发现编程教育繁荣发展的表象之下仍然存在诸多隐忧。最为典型的现象是，许多学生能够按图索骥完成复杂的程序积木搭建，但离开老师和教材的支持，却无法实现一个基本的简单任务。简而言之，老师只是教会了学生搭建程序积木，却没有教会学生解决问题的思维方法。

当前，在可视化软件和模块化硬件支持下，不管是青少年编程、创意电子，还是机器人课程，都能够让学生轻松实现各种炫酷好玩的项目作品，这些作品能够让学生开心、家长满意。但在课程结束之后，学生能力是否真正得到提升却有待商榷。我想，广大教育者应该秉持更加长远的眼光与纯粹的目标，真正关注学生的能力发展，正视编程教学面临的深层问题并不断创新教学方法，才能推动我国青少年编程教育健康发展。

本书编写的主要目的是帮助青少年开发系统化的编程思维并掌握程序设计的基本概念与核心思想，启蒙并培养中小学生的计算思维能力与创新创造能力，为其将来学习其他编程语言奠定基础。本书内容以任务形式进行编排，由易到难，循序渐进，通过对任务进行层层分解，培养青少年分析问题与解决问题的能力。书中借助大量图形、图表对复杂抽象的知识进行可视化呈现与描述，为青少年搭建认知的桥梁。同时，在每课内容中融入游戏元素与 STEAM 跨学科知识，培养青少年对编程的兴趣及运用综合知识解决问题的能力。

本书由胡畔负责全书框架设计、内容编写与统稿校对。谢祥欢参与了最初的内容组织与编排。

以下成员参与了相关内容的编辑工作：邓颖思第 1、11 课；梁晓燕第 2、9 课；黎海燕第 3、6 课；梁可欣第 4 课；游佳丽第 5、15 课；朱杏燕第 7、14 课；吴钰璇第 8 课；李健欣第 10、16 课；张益芝第 12 课；曾梦霞第 13 课；郭婷婷第 14 课。此外，胡畔、邓颖思、梁晓燕、朱杏燕、张益芝、吴钰璇负责微课内容的录制。

本书由 16 个课程项目组成，知识内容主要包含程序设计的基本概念与核心思想、Scratch 界面功能操作及中小学 STEAM 跨学科知识 3 个方面。其中，程序设计内容包括变量、列表、广播、克隆、自制积木等；Scratch 界面功能操作包括角色属性设置、角色造型绘制、积木功能及拼接规则等；STEAM 跨学科知识涉及中小学音乐、美术、语文、数学等学科。

每一个课程项目都包含“任务背景”“内容分析”“任务分解”“程序设计”和“任务拓展”5 个模块。“内容分析”主要对项目任务包含的背景、角色、声音等内容及其相互关系进行分析说明；“任务分解”将课程项目分解为若干子任务，有利于学生逐一递进，达成目标；“程序设计”包括“流程分析”与“搭建积木”两部分，能够帮助学生在理解程序设计思想的基础上搭建积木。同时，全书每一课都配有视频微课，扫描二维码即可观看。

本书可作为青少年编程学习教材。书中除大量图形、图表之外，还包含较多的文字说明与解释，不适合低年龄学习者自学。同时，本书也可以作为其他编程爱好者快速入门的参考书籍。

本书配套程序请扫描二维码获取

目 录

目 录

第 1 课　走进 Scratch 的魔法世界

Scratch 是一款专门为少年儿童开发的图形化编程工具，使用者不需要掌握复杂的编程语言，就能够很轻松地编写出许多有趣的程序。现在就让我们一起进入 Scratch 的魔法世界吧！

1.1　Scratch 主要元素

角色（见图 1-1）是 Scratch 中能够用程序进行控制的各种对象，例如小猫、飞船、小球等。通过搭建积木，我们可以控制角色移动、发声、变形，或进行计算等。

图1-1　角色

舞台（见图 1-2）是呈现角色与展示程序执行效果的区域，它是一个高为 360、宽为 480 的矩形区域。这个尺寸的单位不是毫米，也不是像素，而是一个相对于舞台中心的对比值。

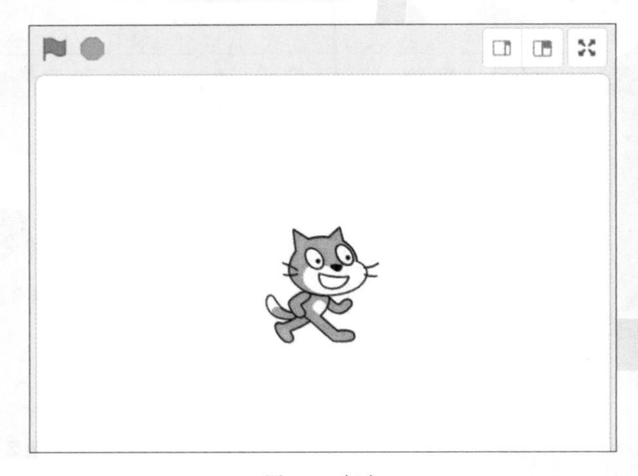

图1-2　舞台

背景（见图 1-3）是填充舞台的矩形图片，用来设定与营造故事发生的场景。我们可以通过搭

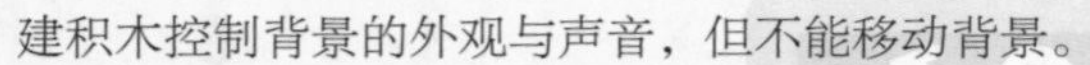
建积木控制背景的外观与声音，但不能移动背景。

积木（见图 1-4）是控制角色或者背景的操作指令，将积木按一定逻辑顺序拼接起来就构成了图形化程序。

图1-3　背景

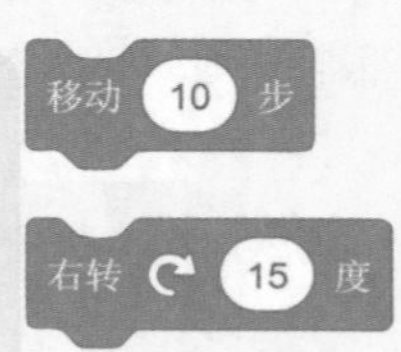

图1-4　积木

1.2　Scratch 3.0 软件界面

Scratch 3.0 软件界面简洁美观，分为菜单栏、编辑区、舞台区、角色区、背景区 5 个区域（见图 1-5）。

图1-5　Scratch 3.0软件界面

1. 菜单栏

菜单栏可以设置编辑器的语言，并对项目文件执行新建、保存等基本操作，同时包含一些简单的示例教程，如图 1-6 所示。

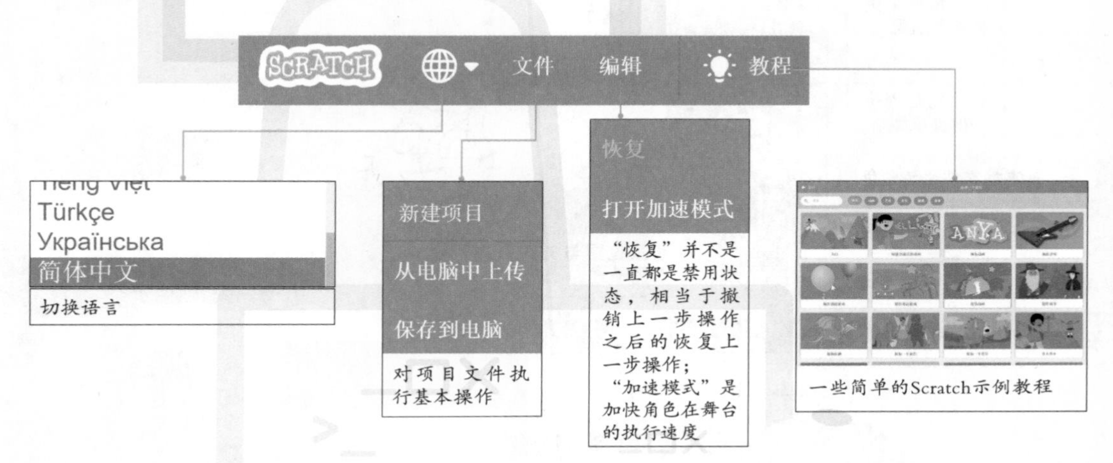

图1-6 菜单栏

2. 编辑区

编辑区包括“代码”“造型 / 背景”“声音”3 个选项卡。当选中角色时，“造型 / 背景”选项卡显示为“造型”；当选中背景时，“造型 / 背景”选项卡显示为“背景”。

选择“代码”选项卡时，拖曳和拼接积木可以对角色或背景进行编程，实现我们想要达到的效果，如图 1-7 所示。

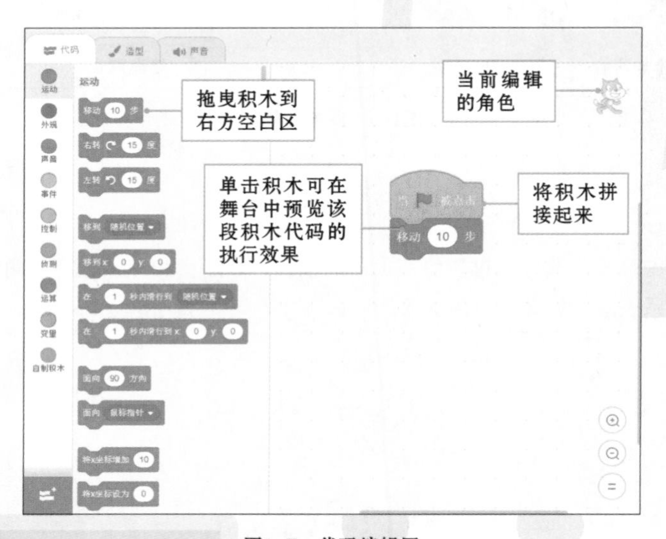

图1-7 代码编辑区

选择“造型 / 背景”选项卡时，可以在编辑区添加角色造型 / 背景，并对角色造型 / 背景进行编辑，如图 1-8 所示。

图1-8　造型编辑区

选择“声音”选项卡，可以添加声音并对声音进行编辑，如图 1-9 所示。

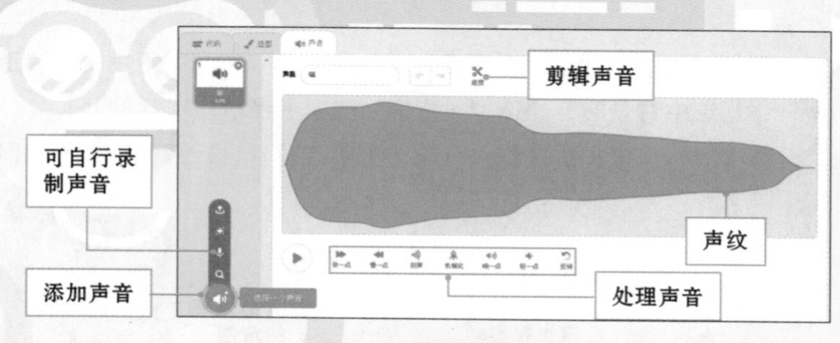

图1-9　声音编辑区

3. 舞台区

舞台区包括 3 种显示方式，通过舞台左上角的按钮可以运行和停止程序。角色在舞台的位置通过对应的平面坐标系表示，如图 1-10 所示。

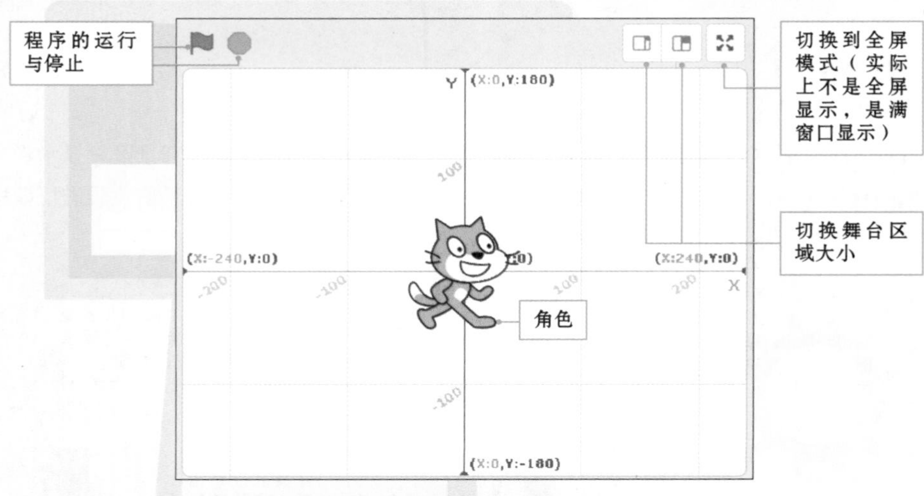

图1-10　舞台区

4. 角色区

在角色区可以新建角色、显示角色列表及角色相关信息，并可以对角色的位置、方向、大小等进行编辑，如图 1-11 所示。

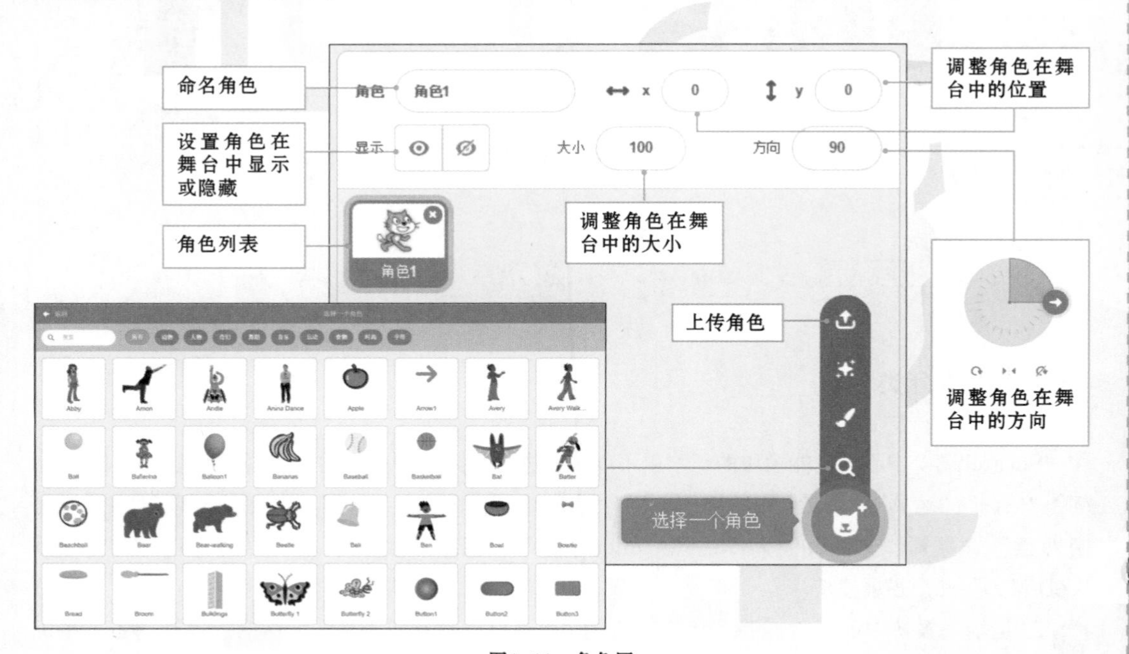

图1-11　角色区

5. 背景区

在背景区中，能够以本地上传、从背景库选择、绘制等方式添加背景，背景区只显示当前在舞台上出现的背景。单击背景区后，选择左侧编辑区的“代码”选项卡，可对当前背景进行编程；选择“背景”选项卡，可对当前背景图片进行编辑，如图 1-12 所示。

图1-12 背景区

1.3 深入了解 Scratch 3.0 积木

1. 积木分类

Scratch 3.0 中不同功能模块的积木以不同颜色进行分类，共有“运动”“外观”“声音”“事件”“控制”“侦测”“运算”“变量”和“自制积木”九大基本模块，以及“音乐”“画笔”“视频侦测”“文字朗读”“翻译”“Makey Makey”“micro:bit”“LEGO MINDSTORMS EV3”和“LEGO WeDo 2.0”九个扩展模块。

运动 “运动”模块中的积木能够控制角色的移动距离、运动方向、移动到达的位置等，还能够获取当前角色的 x 坐标、y 坐标方向等变量值（见图 1-13）。

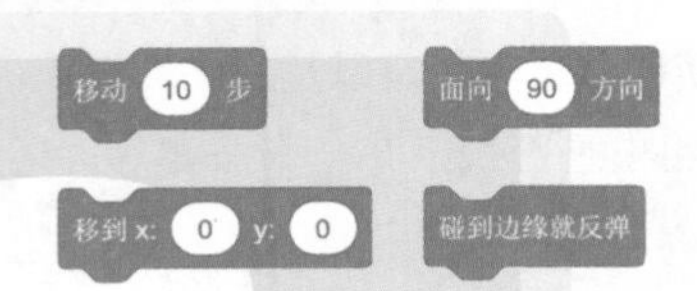

图1-13 “运动”模块

外观

“外观”模块中的积木能够让角色显示对话框、切换造型、改变大小与颜色、显示与隐藏等，还能够获取当前角色的造型编号、造型名称、背景编号、背景名称、大小等变量值(见图1-14)。

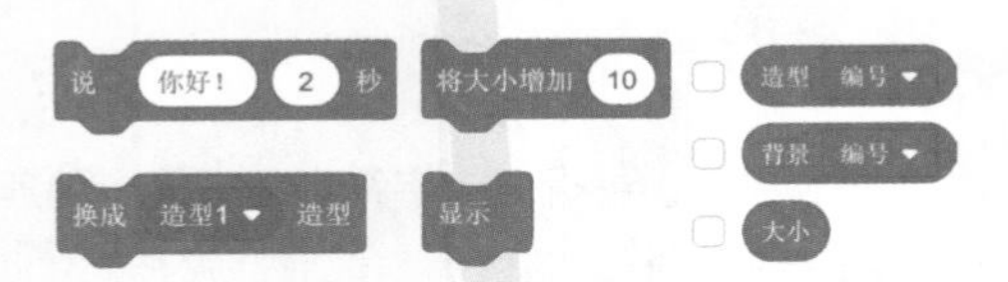

图1-14 “外观”模块

声音

“声音”模块中的积木能够为角色配置声音、设置音效、改变音量大小等，还能够获取当前角色音量的变量值（见图1-15）。

图1-15 “声音”模块

事件

“事件”模块中的积木是其他积木开始执行的前提，包括“当⚑被点击”“当响度＞10”“当接收到‘消息1’”等（见图1-16）。

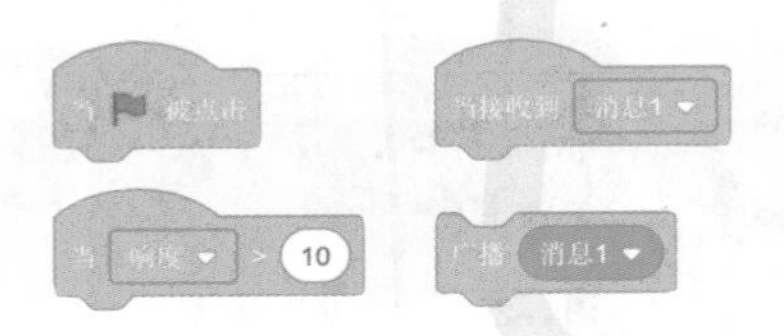

图1-16 “事件”模块

控制

“控制”模块中的积木能够对角色的行为进行控制，如控制角色行为的等待时间、执行条件、重复执行次数以及克隆角色或是停止角色脚本等（见图1-17）。

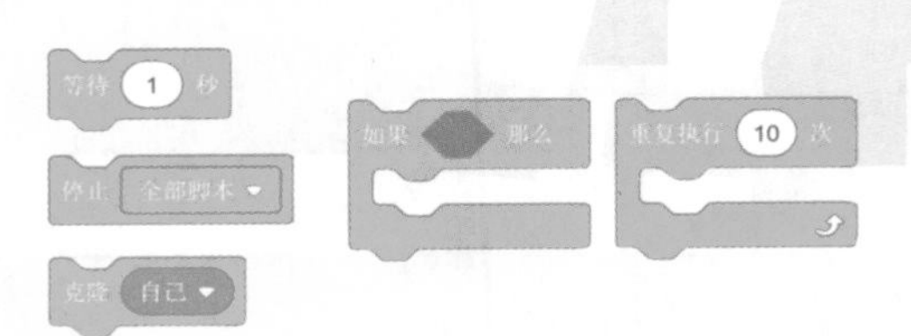

图1-17 “控制”模块

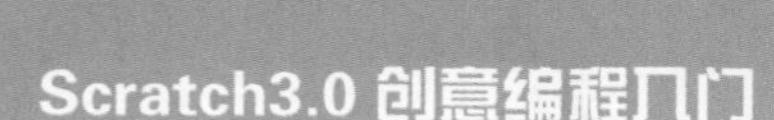

侦测 “侦测”模块中的积木能够侦测角色的状态以及用户的操作行为，如角色是否碰到鼠标指针、角色是否碰到某一种颜色、用户是否按下某一个按键等，还能够获取鼠标的 x 坐标、鼠标的 y 坐标、回答等变量值（见图 1-18）。

图1-18 “侦测”模块

运算 “运算”模块中的积木能够对数值、逻辑值或字符进行运算、处理并获取结果，如数值之间的四则运算、逻辑运算、数值比较判断、随机数的选取、求余等（见图 1-19）。

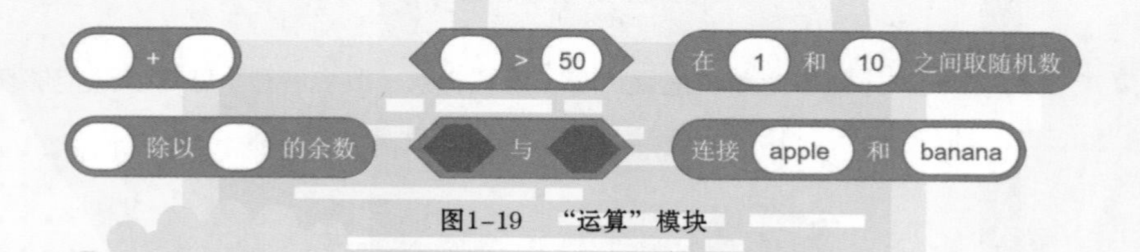

图1-19 “运算”模块

变量 “变量”模块中的积木可以新建变量与列表，并能对变量与列表进行操作，包括设置变量值、变量显示与隐藏、列表项的增添与删除等，还能够获取列表的项目数、列表项目内容等（见图 1-20）。

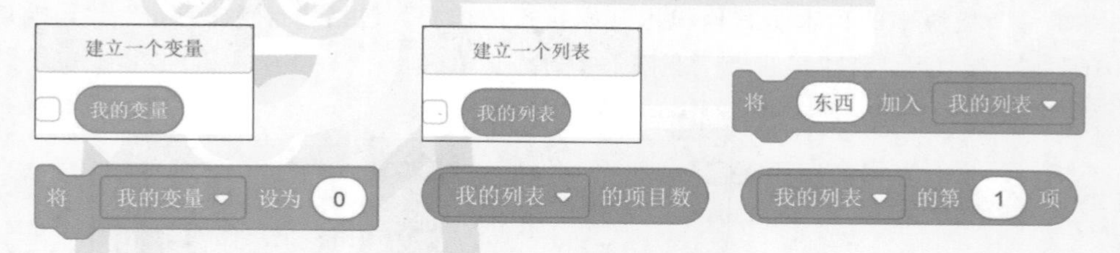

图1-20 “变量”模块

自制积木 “自制积木”模块可以用一个自定义的积木代替一段程序（见图 1-21）。

自制积木

制作新的积木

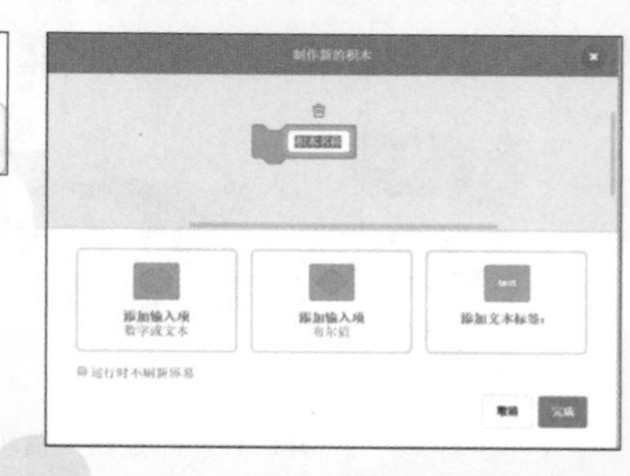

图1-21 “自制积木”模块

"添加扩展"模块除了"音乐""画笔"等功能外，还可以实现与各种外部硬件设备的连接与控制，让编程更有乐趣（见图 1-22）。

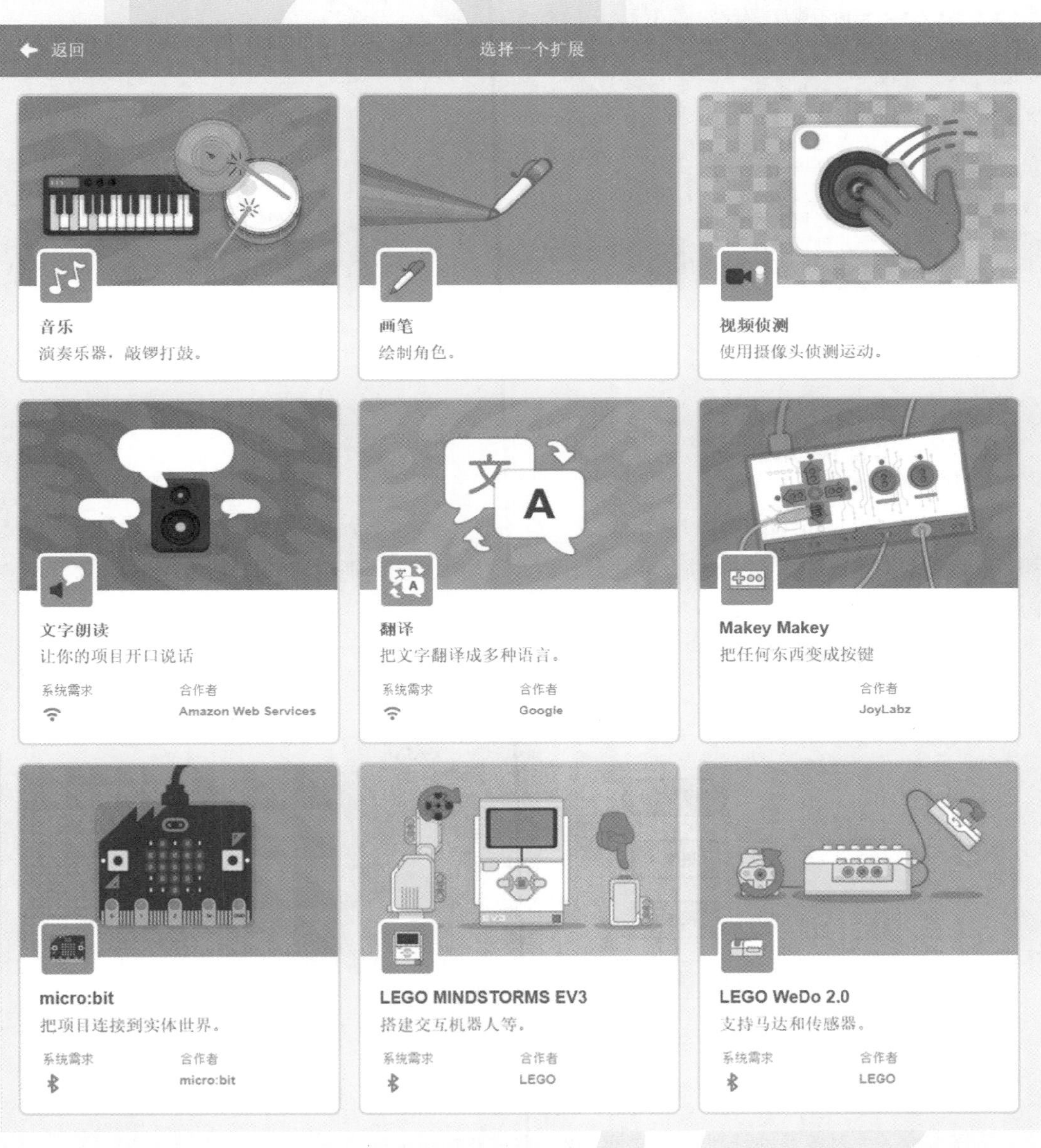

图1-22　"添加扩展"模块

2. 积木搭建规则

积木需要遵循相应规则才能正确拼接，积木搭建规则如图 1-23 所示。

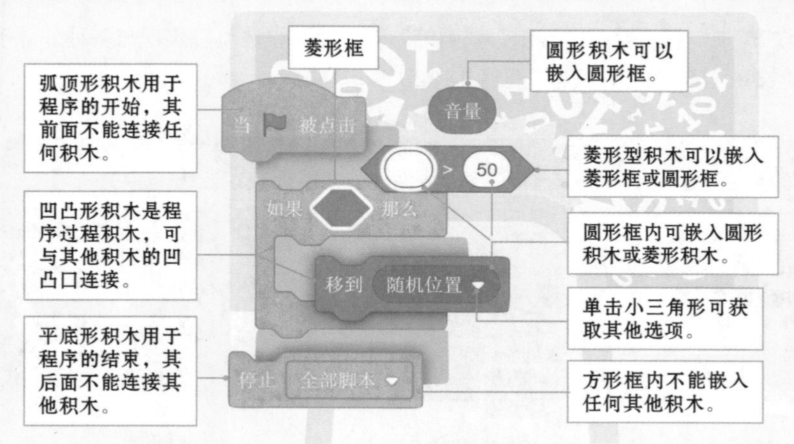

图1-23 积木搭建规则

3. 流程图与积木

流程图可以帮我们理清程序设计思路，快速找到问题解决的方法。在编写复杂程序时，根据流程图搭建积木编程更加高效、准确。程序设计的 3 种基本结构分别是顺序结构、选择结构和循环结构，如图 1-24、图 1-25、图 1-26 所示。

顺序结构——按顺序执行程序。

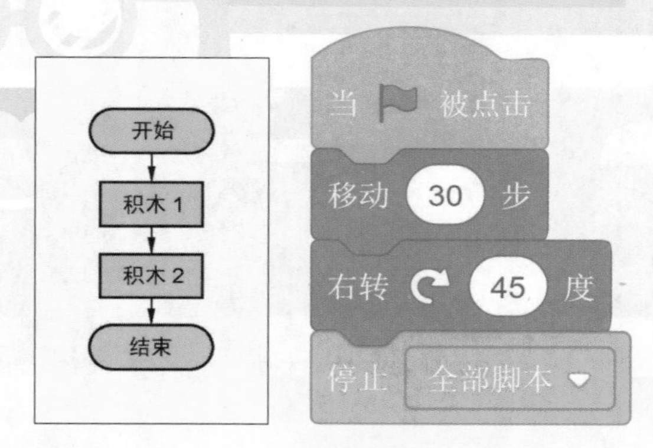

图1-24 顺序结构

选择结构——对条件进行判断，依据结果选取需要执行的程序。

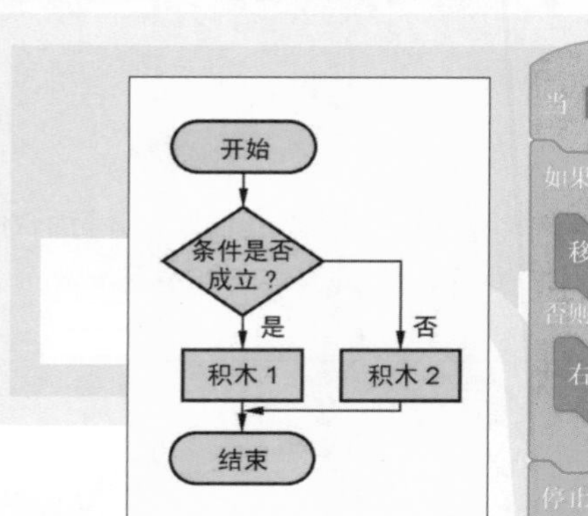

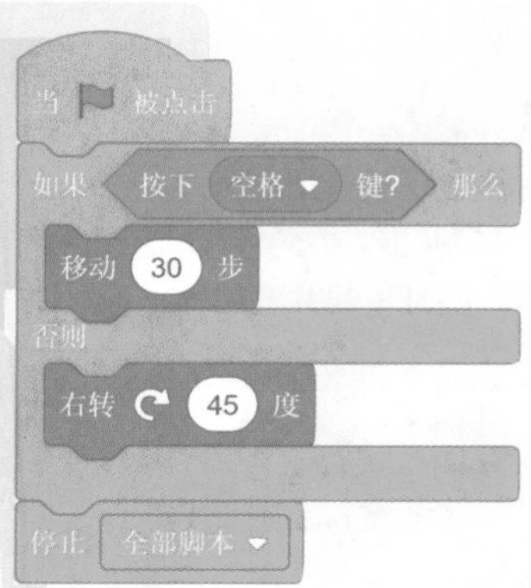

图1-25　选择结构

循环结构——重复执行特定的程序。

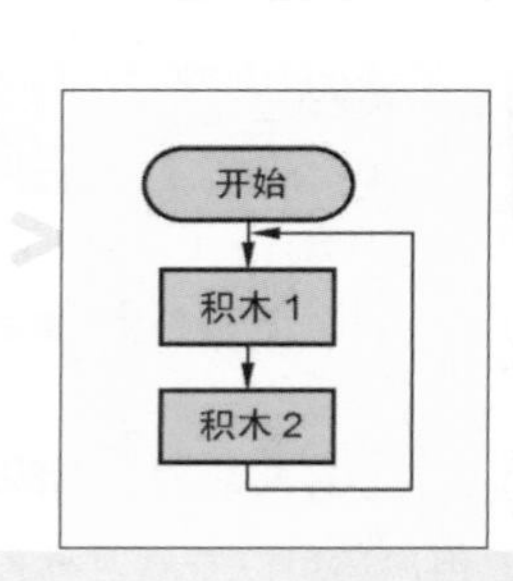

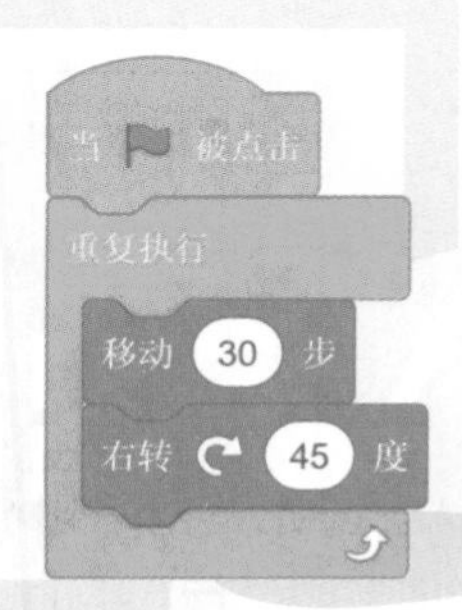

图1-26　循环结构

1.4　学习环境

1．在线编程

访问 Scratch 官方网站，单击“开始创作”可以进入 Scratch 在线编程页面，网页默认显示为英文版，用鼠标拖动到网页底部，在这里可切换语言为“简体中文”（见图 1-27）。

图1-27　在线编程页面

2. 应用下载

在“开始创作”页面底部，选择“支持”→“离线编辑器”进入 Scratch 3.0 桌面软件下载页面。选择相应操作系统后，便可下载并安装 Scratch 3.0 桌面软件（见图 1-28）。

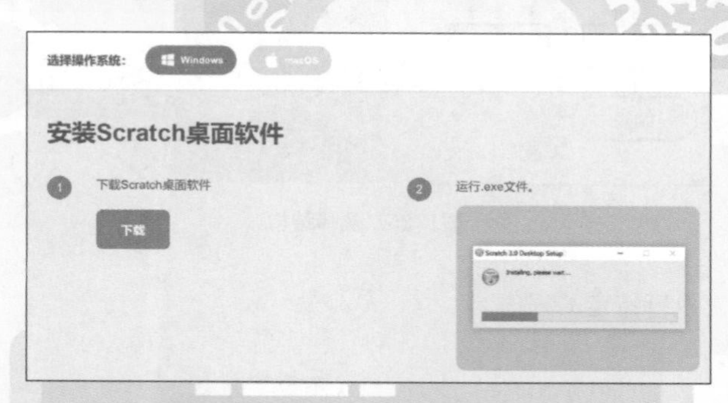

图1-28 桌面软件下载页面

3. 分享作品

单击图 1-27 中的“加入”按钮，可以注册 Scratch 社区账号，进行在线编程并上传个人作品，展示与分享自己的创意，如图 1-29 所示。同时，用户还可以查看其他作者的作品，对他人作品提出意见与建议。

图1-29 Scratch在线编程界面

本书的每一课都附有二维码，扫描二维码可获取该课的教学视频。本书配套源程序可通过扫描前言结尾的二维码获取。

现在我们就来开始新一课的学习吧！

第 2 课　小蝌蚪找妈妈

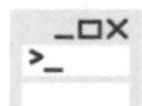

2.1　任务背景

一只小蝌蚪在池塘里游来游去，它想找自己的妈妈。可是，谁是小蝌蚪的妈妈呢？现在，它遇到了一只青蛙，青蛙会是小蝌蚪的妈妈吗？就让我们来帮助小蝌蚪问问青蛙吧！

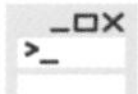

2.2　内容分析

程序运行效果如图 2-1 所示。

图2-1　程序运行效果

完成本项目任务需要 1 个“池塘”背景，以及“小蝌蚪”和“青蛙”2 个角色（见图 2-2、图 2-3）。

图2-2　“小蝌蚪”角色

图2-3　“青蛙”角色

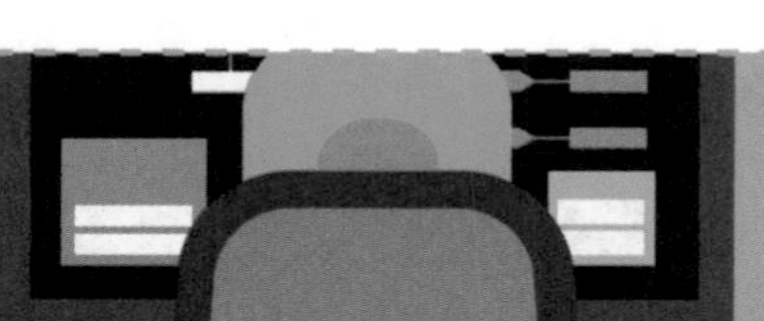

2.3 任务分解

任务一 游戏开始，小蝌蚪从舞台右下方向青蛙游去，碰到青蛙后开始提问。

任务二 当小蝌蚪和青蛙相遇时，小蝌蚪和青蛙对话。

2.4 程序设计

任务一 游戏开始，小蝌蚪从舞台右下方向青蛙游去，碰到青蛙后开始提问。

1. “小蝌蚪”角色的流程分析

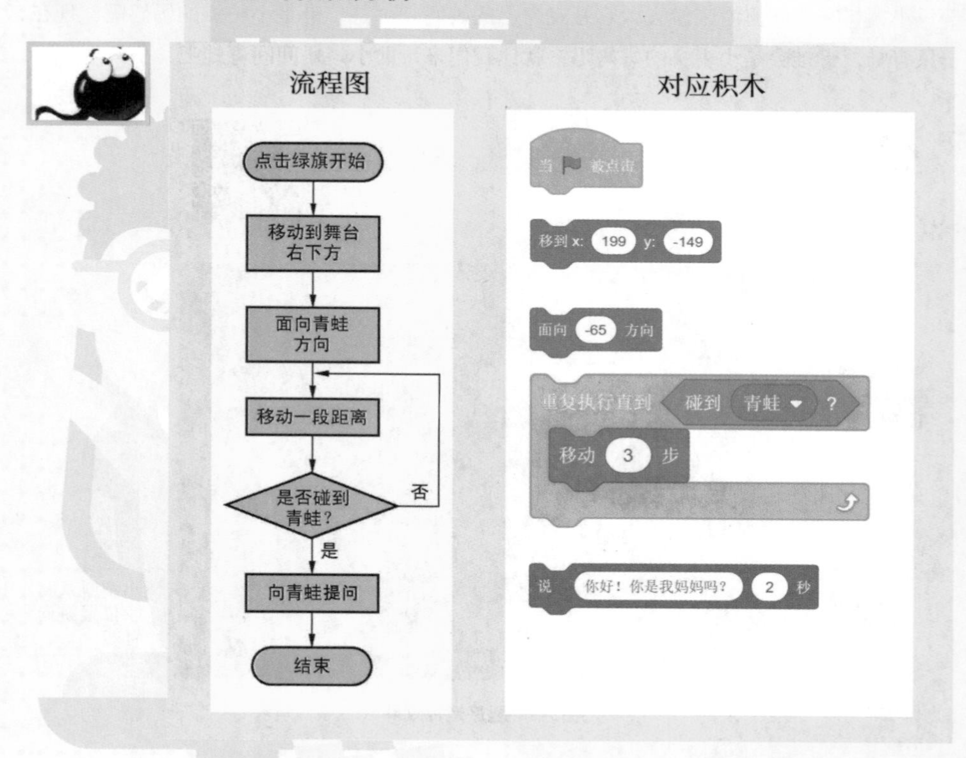

2. 搭建积木

步骤 1：从角色库中导入“青蛙”角色，从素材库中导入“池塘”背景和“小蝌蚪”角色，操作方法如图 2-4 所示。

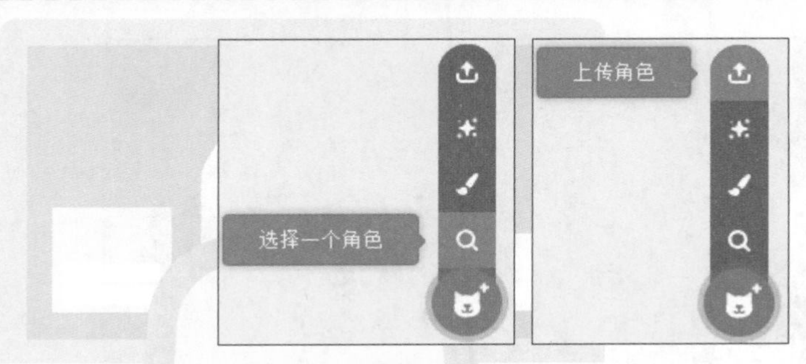

图2-4 角色导入方式

将角色移动到舞台中相应位置，如图 2-1 所示。同时，通过角色的信息栏调整角色大小，操作方法如图 2-5 所示。

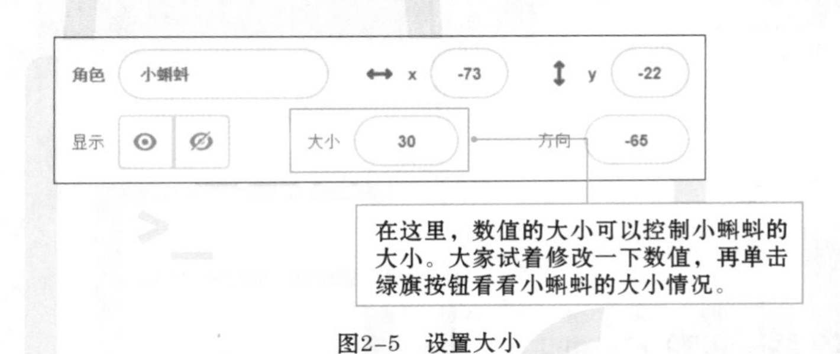

图2-5 设置大小

步骤 2：单击“小蝌蚪”角色，使其处于被选中状态，如图 2-6 所示。

图2-6 角色列表

对“小蝌蚪”角色编程，从（事件）中将 当 被点击 拖入编辑区，再连接（运动）中的 移到 x: 199 y: -149 ，该积木中的 x、y 坐标值即当前“小蝌蚪”角色在舞台中的坐标（见图 2-7）。

移动小蝌蚪的位置时，角色信息栏中小蝌蚪的位置信息也会随之发生改变。
角色
小蝌蚪
x
-73
y
-22
舞台
显示
大小
100
方向
-65

图2-7　位置初始化

步骤 3：小蝌蚪面向 -65 方向移动 3 步，程序如图 2-8 所示。

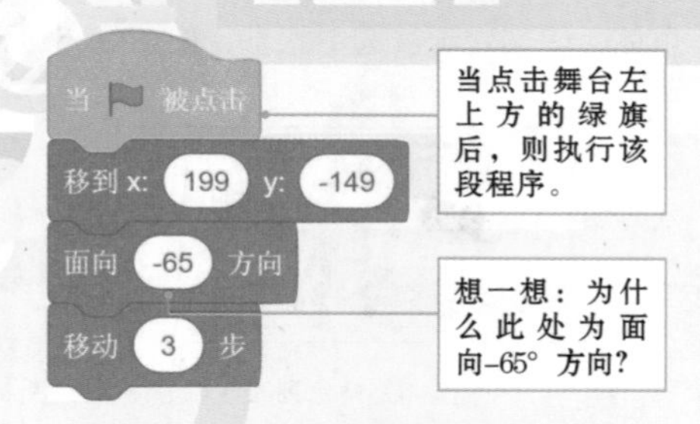
当 被点击
移到 x: 199 y: -149
面向 -65 方向
移动 3 步
当点击舞台左上方的绿旗后，则执行该段程序。
想一想：为什么此处为面向-65° 方向?

图2-8　“小蝌蚪”角色的程序片段

在Scratch 舞台中，小蝌蚪的正上方是0°，角度值沿红色顺时针方向递增，沿蓝色逆时针方向递减，对应角度值如图 2-9 所示。小蝌蚪的正右方是 90°，也是 -270°，在 Scratch 软件中省略了表示角度的单位“°”。

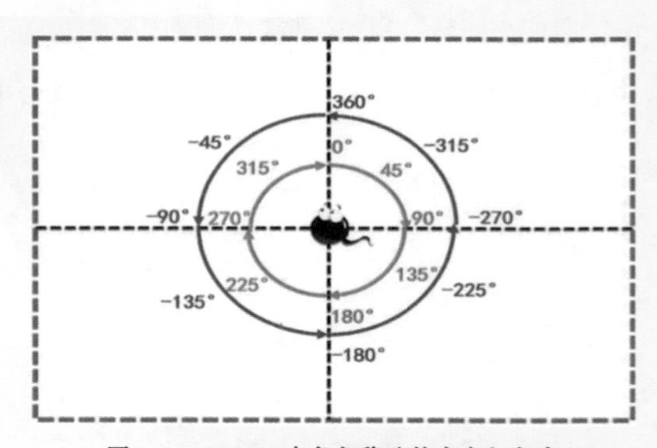
360°
-45°
0°
-315°
315°
45°
-90°
270°
90°
-270°
225°
135°
-225°
-135°
180°
-180°

图2-9　Scratch中角色移动的方向与角度

以小蝌蚪为中心，青蛙在小蝌蚪的 -65° 方向，如图 2-10 所示。

图2-10 小蝌蚪与青蛙角度关系

此时，我们发现旋转“小蝌蚪”角色使其面向 -65° 方向时，其头部翻转朝下，这是因为角色的翻转模式设置为“任意旋转”模式。单击角色编辑区中“方向”文本框，在如图 2-11 所示的弹出面板中选择“左右翻转”模式，可让“小蝌蚪”角色朝向左侧且头朝上。

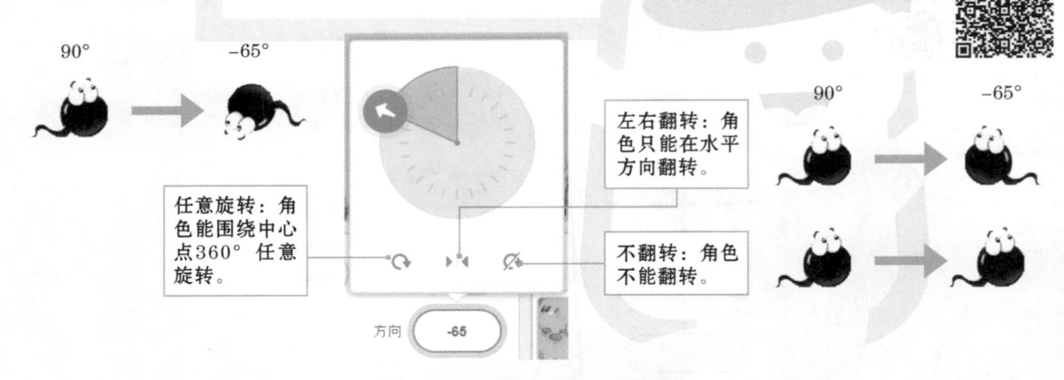

图2-11 设置角色方向与翻转模式

步骤 4：使用控制中的重复执行直到碰到青蛙，让小蝌蚪重复执行移动3步，直到碰到“青蛙”角色则停止。

所有菱形形状的积木都表示对某一个条件的判断，其结果只能是“真”或“假”两种情况之一，我们把这种条件判断的结果数值称为“布尔值”。碰到青蛙的值只有两种结果：“真”表示小蝌蚪碰到青蛙了，或“假”表示没有碰到。

步骤 5：选择外观中的说 秒，向青蛙提问“你好！你是我妈妈吗？”并持续 2 秒。这样，

小蝌蚪的积木就搭建完成啦！程序如图 2-12 所示。

调整每次移动步数的大小可以控制小蝌蚪移动的速度。尝试修改这一数值，再点击绿旗看看小蝌蚪移动速度的变化情况。

图2-12 “小蝌蚪”角色的程序

任务二 当小蝌蚪和青蛙相遇时，小蝌蚪和青蛙对话。

1. “青蛙”角色的流程分析

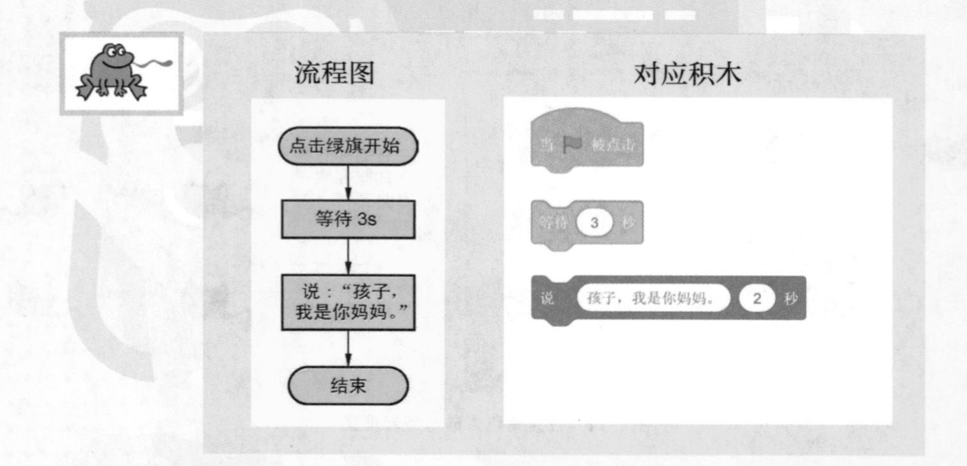

2. 搭建积木

在角色列表栏单击“青蛙”角色，使角色处于被选中状态。对“青蛙”角色编程，当程序开始时，“青蛙”角色等待 3 秒，然后说“孩子，我是你妈妈”2 秒，程序如图 2-13 所示。

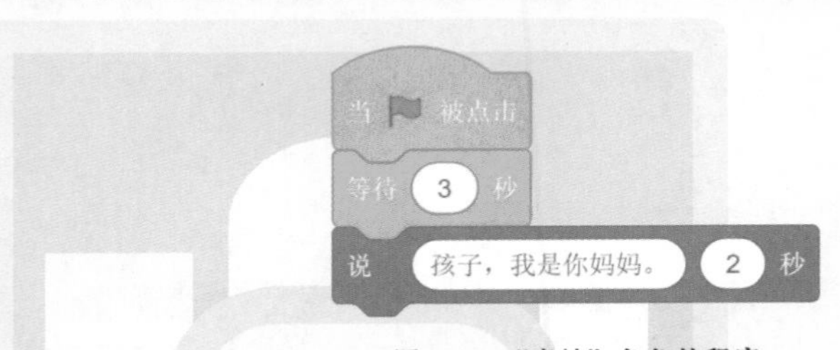

图2-13 “青蛙”角色的程序

现在，整个程序的脚本就编写完成啦！快点击绿旗试试吧！

2.5 任务拓展

谢谢你帮助小蝌蚪找到了它的妈妈，在这个游戏中，我们能不能增加其他角色，让小蝌蚪逐一去询问它们呢？效果如图 2-14 所示。

图2-14 任务拓展效果图

第 3 课　大鱼吃小鱼

3.1　任务背景

辽阔的海洋中有一条大鲨鱼，它最喜欢的食物是小鱼。但是，这条鲨鱼现在遇到一个大难题——小鱼们太灵活了，而且游得很快，鲨鱼很难逮住它们。可怜的鲨鱼已经很久没有吃到小鱼了。现在，就让我们一起来帮助鲨鱼捕捉小鱼吧。

3.2　内容分析

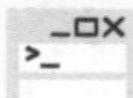

程序运行效果如图 3-1 所示。

小鱼从舞台一侧开始游动，碰到舞台边缘后自动返回。
总共有4条小鱼从不同位置出现。
用“↑、↓、←、→”键控制鲨鱼在海底四处游动，用“空格”键控制鲨鱼张嘴吃小鱼。
小鱼碰到张开嘴巴的鲨鱼时，会被吃掉。

图3-1　程序运行效果

完成本项目任务需要 1 个“海底世界”背景，1 个“鲨鱼”角色和 4 个“小鱼”角色（见图 3-2、图 3-3）。

图3-2 “鲨鱼”角色“Shark2”

图3-3 4个“小鱼”角色

3.3 任务分解

任务一 导入背景与“鲨鱼”角色，设置“鲨鱼”角色的初始位置、方向及旋转方式。

任务二 对“鲨鱼”角色编程，通过按下“↑、↓、←、→”键控制鲨鱼游动，通过按下“空格”键控制鲨鱼嘴巴张开。

任务三 导入一个“小鱼”角色，对“小鱼”角色编程，当小鱼碰到鲨鱼且鲨鱼嘴巴张开时，小鱼会被吃掉。

任务四 另外复制3个“小鱼”角色，让4个“小鱼”角色在舞台不同初始位置出现并开始游动。

3.4 程序设计

任务一 导入背景与“鲨鱼”角色，设置“鲨鱼”角色的初始位置、方向及旋转方式。

步骤1：从Scratch素材库中导入“海底世界”背景，从Scratch角色库中导入“Shark2”角色。

步骤2：设置“Shark2”角色的初始位置在舞台正中央，舞台坐标为x:0,y:0，如图3-4所示。

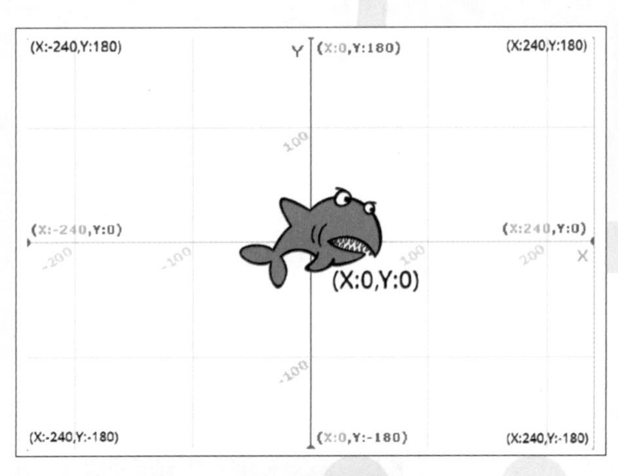

图3-4 舞台坐标系

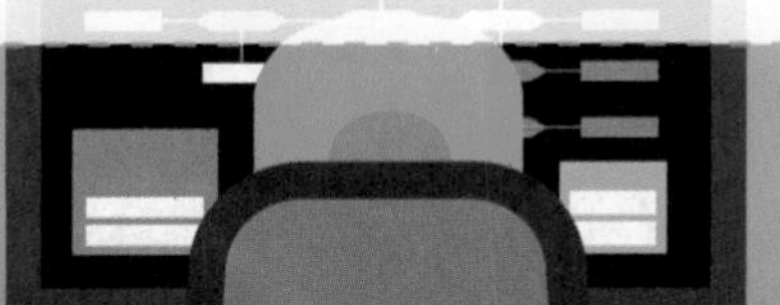

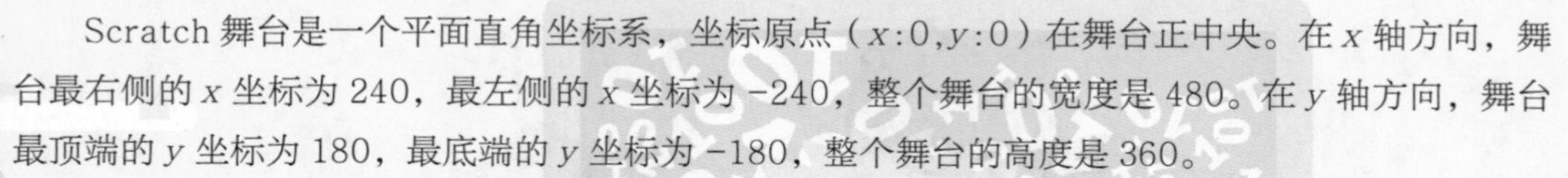

Scratch 舞台是一个平面直角坐标系，坐标原点（x:0,y:0）在舞台正中央。在 x 轴方向，舞台最右侧的 x 坐标为 240，最左侧的 x 坐标为 -240，整个舞台的宽度是 480。在 y 轴方向，舞台最顶端的 y 坐标为 180，最底端的 y 坐标为 -180，整个舞台的高度是 360。

在舞台下方的角色信息栏可以对“Shark2”角色的初始位置、大小、方向等进行设置(见图 3-5)。

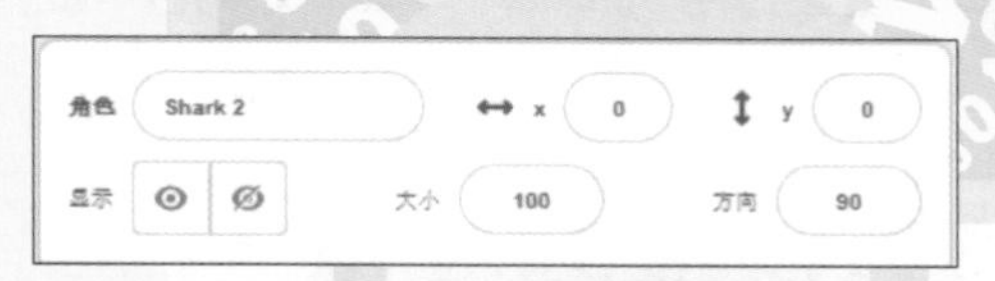

图3-5 “Shark2”角色设置示意图

任务二 对“鲨鱼”角色编程，用“↑、↓、←、→”键控制鲨鱼游动，通过按下“空格”键控制鲨鱼嘴巴张开。

1. “鲨鱼”角色的流程分析

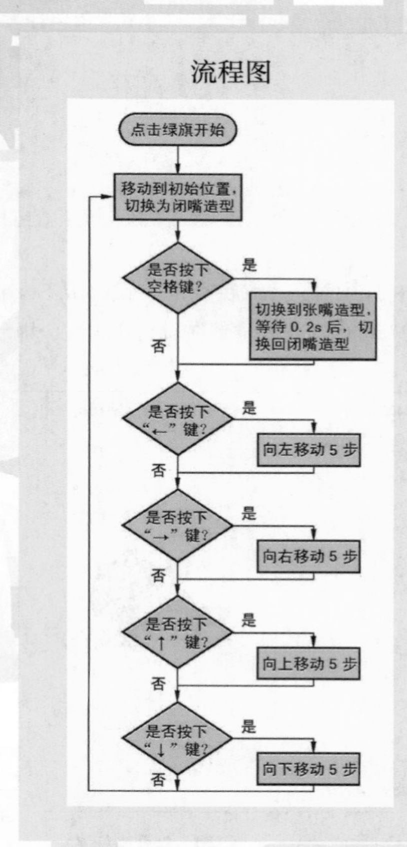

2. 搭建积木

步骤 1：对“Shark2”角色编程，初始位置设为（x:0,y:0），面向舞台正右方向，初始造型设置为“shark2-a”，程序如图 3-6 所示。

图3-6 “Shark2”角色的程序

想一想 为什么任务一中已经设置了鲨鱼的初始位置与方向，还要在程序中进行初始值设定？

在程序运行过程中，鲨鱼的初始位置和方向都会被改变，因此，每次点击绿旗重新开始游戏时，都需要将鲨鱼的位置与方向设定为初始状态。

步骤 2：重复判断“空格”键是否被按下，如果“空格”键被按下，切换到造型“shark2-b”，鲨鱼嘴巴张开，等待 0.2 秒再切换回造型“shark2-a”，鲨鱼嘴巴闭合，程序如图 3-7 所示。

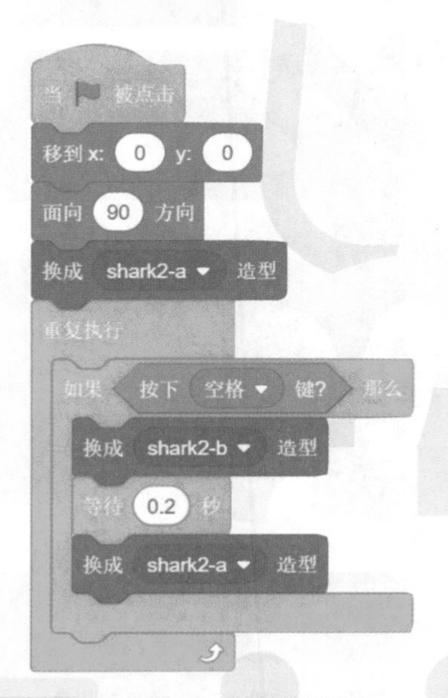

图3-7 “Shark2”角色的程序

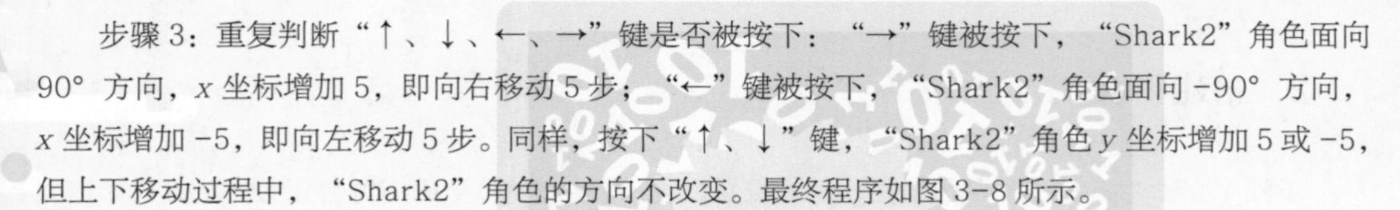

步骤 3：重复判断“↑、↓、←、→”键是否被按下：“→”键被按下，“Shark2”角色面向 90° 方向，x 坐标增加 5，即向右移动 5 步；“←”键被按下，“Shark2”角色面向 -90° 方向，x 坐标增加 -5，即向左移动 5 步。同样，按下“↑、↓”键，“Shark2”角色 y 坐标增加 5 或 -5，但上下移动过程中，“Shark2”角色的方向不改变。最终程序如图 3-8 所示。

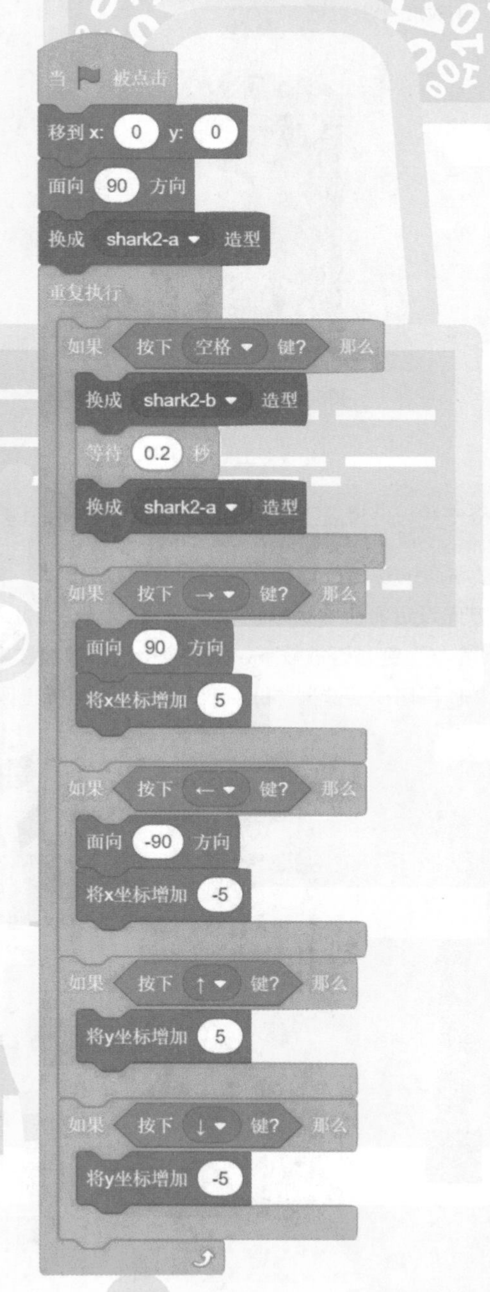

图3-8 “Shark2”角色的程序

任务三

导入一个“小鱼”角色，对小鱼角色编程，当“小鱼”碰到鲨鱼且鲨鱼嘴巴张开时，小鱼被吃掉。

1. “小鱼”角色的流程分析

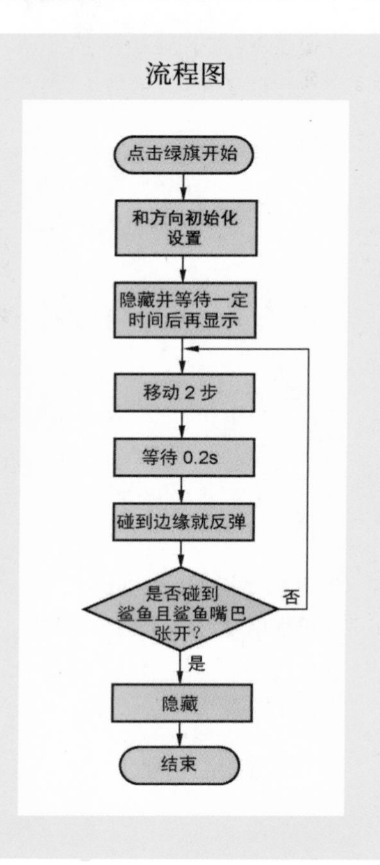
流程图
点击绿旗开始
和方向初始化设置
隐藏并等待一定时间后再显示
移动 2 步
等待 0.2s
碰到边缘就反弹
是否碰到鲨鱼且鲨鱼嘴巴张开？
否
是
隐藏
结束

2. 搭建积木

步骤 1：从 Scratch 角色库中导入“Fish”角色，将角色名修改为“Fish1”。设置“Fish1”角色的初始位置，并面向 -45° 方向，如图 3-9 所示。

面向 -45 方向
面向 -45° 方向移动

图3-9 “Fish1”角色定向移动示意图

步骤 2：对“Fish1”角色编程，设置“Fish1”角色初始坐标为（x:200,y:-120），面向 -45°方向，然后隐藏角色，等待 1 秒后再显示，程序如图 3-10 所示。

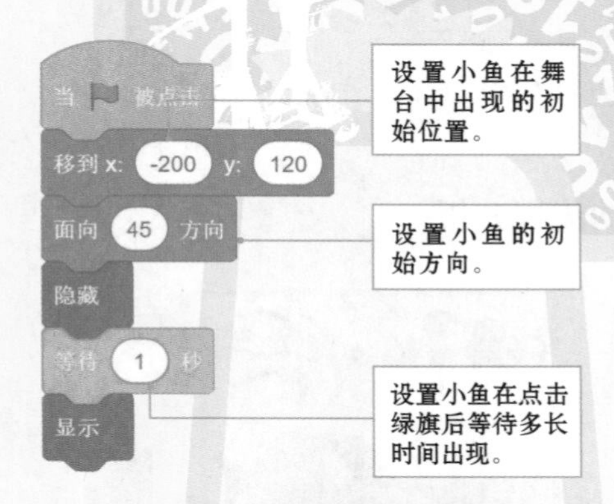

图3-10 “Fish1”角色的程序

步骤 3：继续对“Fish1”角色编程，通过重复执行“移动 2 步”使小鱼缓慢游动，并且小鱼在游戏过程中碰到舞台边缘就反弹，程序如图 3-11 所示。

图3-11 “Fish1”角色的程序

步骤 4：在“Fish1”角色的移动过程中，角色是否隐藏需要同时满足两个条件，一是“Fish1”角色碰到“Shark2”角色；二是“Shark2”角色造型为“shark2-b”。在此，可以使用“运算”模块中的 与 积木来实现，具体运算方法如图 3-12 所示。

菱形积木表示对条件的判断，其结果只有两种情况：条件满足则为“真”，条件不满足则为“假”。

〈与〉积木只有左、右两边菱形框内的条件都满足时，整个结果才为“真”。在图 3-12 中，只有 Fish1“碰到 Shark2”与“Shark2 的造型编号 = 2”两个条件都满足，整个积木表示的结果才为“真”。

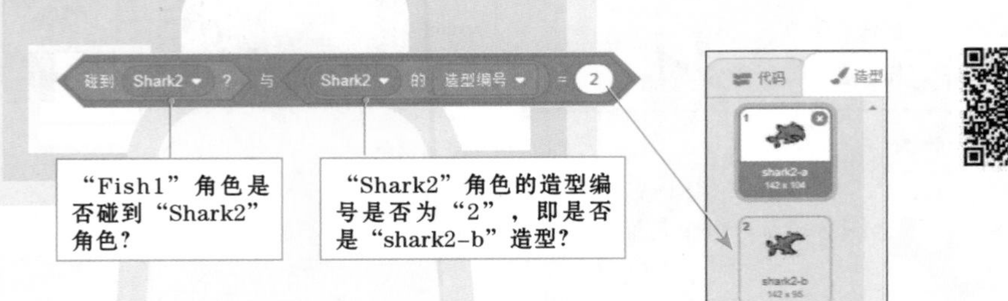

图3-12 “与”运算解析图

“Fish1”角色最终程序如图 3-13 所示。

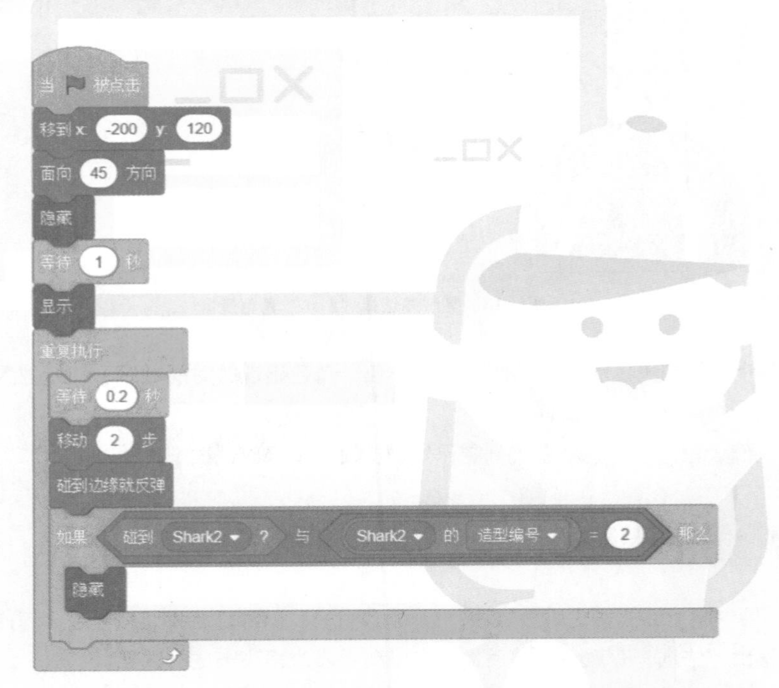

图3-13 “Fish1”角色的程序

想一想 海底世界不可能只有一条小鱼吧！那怎么样才能快速为海底世界再添加几条小鱼呢？快开动一下你们的脑筋吧！

任务四 另外复制 3 个“小鱼”角色，让 4 个“小鱼”角色在舞台不同初始位置出现并开始游动。

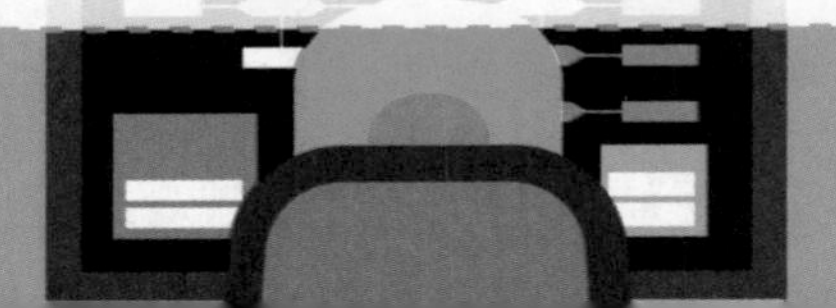

步骤 1：为海底世界再添加几条小鱼，可以采取复制角色的方法，如图 3-14 所示。

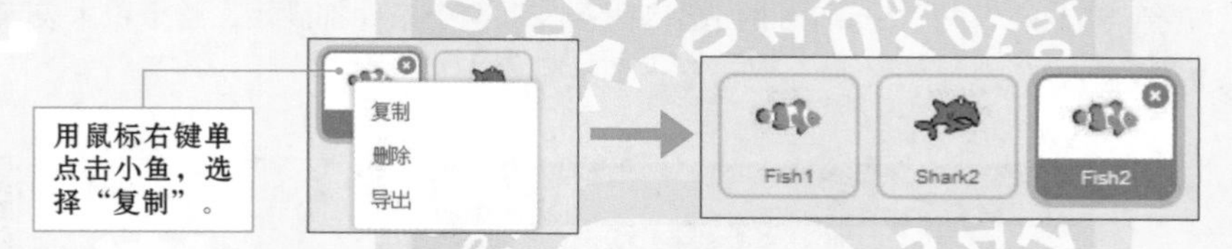

图3-14　复制角色

步骤 2：依据图 3-15 对每个复制的角色命名并分别选择不同的造型。

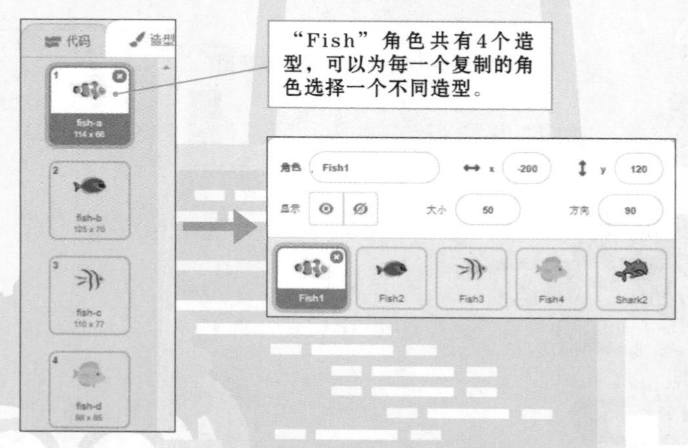

图3-15　复制并选择“Fish”角色造型

步骤 3：修改复制角色的程序，使 4 个“小鱼”角色出现的时间顺序、初始位置和移动方向都不相同，营造一个缤纷多彩的海底世界。

现在，我们大鱼吃小鱼的小游戏就制作好啦！快点击绿旗试试吧！

3.5　任务拓展

今天我们学习了控制模块中的“如果……那么……”积木，让我们想一想，怎样让小鱼碰到鲨鱼的时候，说出“快逃，有鲨鱼”的话，快自己动手修改程序来试一试吧。

第 4 课　我是歌手

4.1　任务背景

Giga 从小就很喜欢唱歌，他的歌声非常动听，但他很害羞，从不敢在众人面前表演。同学们为了帮他克服恐惧，实现他的舞台梦，特意为他组织了一次演唱会，现在让我们一起去为 Giga 加油打气吧！

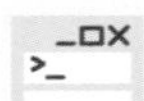

4.2　内容分析

程序运行效果如图 4-1 所示。

Giga Walking从舞台左侧走到舞台中央，然后隐藏。
Giga Walking隐藏后，Giga Singing在舞台中央出现并开始表演。

图4-1　程序运行效果

完成本项目任务需要 1 个“Stage”背景和“Giga Walking”“Giga Singing”2 个角色（见图 4-2、图 4-3）。

图4-2　“Giga Walking”角色

图4-3　“Giga Singing”角色

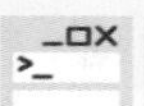

4.3 任务分解

任务一 "Giga Walking"角色从舞台左侧走上到舞台中央，然后向"Giga Singing"角色发送消息并隐藏自己。

任务二 从素材库中导入歌曲的声音文件，并且录制报幕与谢幕的声音。

任务三 "Giga Singing"角色接收到消息后在舞台中央出现并开始歌唱表演。

4.4 程序设计

任务一 "Giga Walking"角色从舞台左侧走上到舞台中央，然后向"Giga Singing"角色发送消息并隐藏自己。

1. "Giga Walking"角色的流程分析

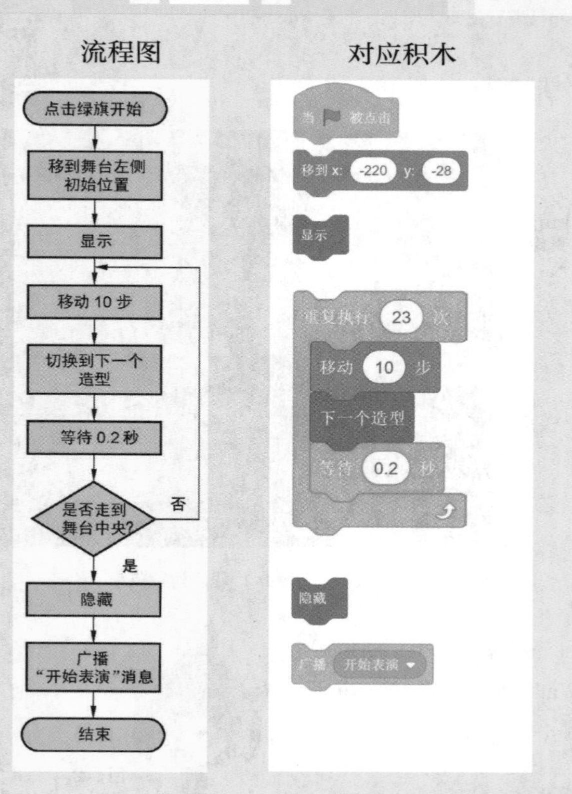

2. 搭建积木

步骤1：从Scratch背景库中导入“Stage”背景，从Scratch角色库中导入“Giga Walking”和“Giga Singing”2个角色，并将它们设置为隐藏。当程序开始时，先将“Giga Walking”角色移动到舞台左侧垂直居中位置，再利用[显示]积木设置为显示状态。

步骤2：从“Giga Walking”角色在舞台左侧的初始位置到舞台正中央大约有230步距离，通过循环执行23次[移动 10 步]使“Giga Walking”角色移动到舞台正中央位置。

步骤3：在“Giga Walking”角色的移动过程中，利用[下一个造型]积木循环切换造型，同时利用[等待 0.2 秒]积木调整造型变换的时间间隔，使Giga自然行走，程序如图4-4所示。

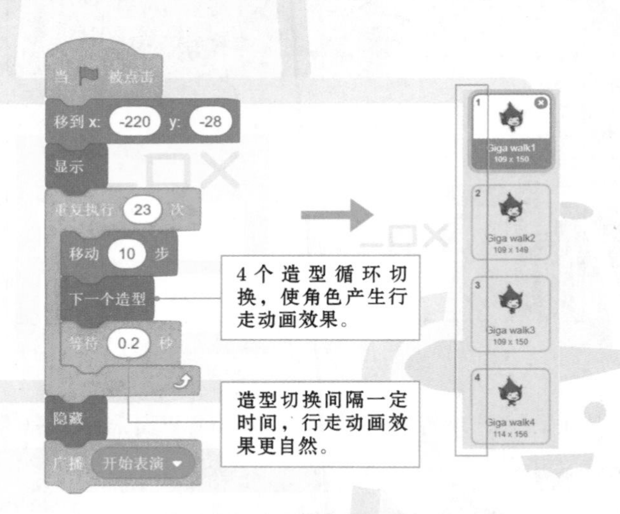

图4-4　“Giga Walking”角色的程序

步骤4：当“Giga Walking”角色移动到舞台中央后，隐藏起来，然后向“Giga Singing”角色广播“开始表演”消息，原本处于隐藏状态的“Giga Singing”角色接收到“开始表演”消息后显示并进行相应的表演。

广播消息

广播是某一个角色向其他所有角色发出单向消息。等待接收该消息的某个角色接收到广播的消息后，开始执行相应的程序。就好像生活中，我们要按遥控器的电源键，发出开启信号，电视机收到信号后，才会开启。

任务二　从素材库中导入歌曲的声音文件，并且录制报幕与谢幕的声音。

我们总共需要 3 个不同的声音，分别是“Giga Singing”报幕的声音、演唱的歌曲及最后谢幕的声音。

步骤 1：演唱歌曲文件从素材库中上传，选择 声音 选项卡，单击左下角的 按钮，选择“上传声音”选项，上传“让我们荡起双桨”声音文件，如图 4-5 所示。

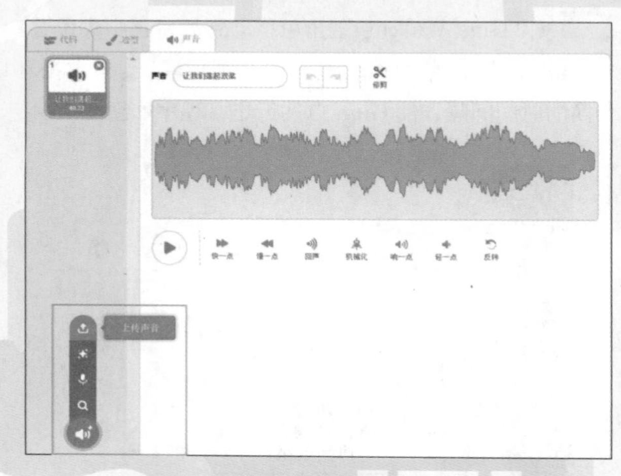

图4-5　上传声音

步骤 2：单击 按钮，选择“录制”选项，进入录制声音界面，如图 4-6 所示。单击红色的“录制”按钮，进行“报幕”和“谢幕”的声音录制。

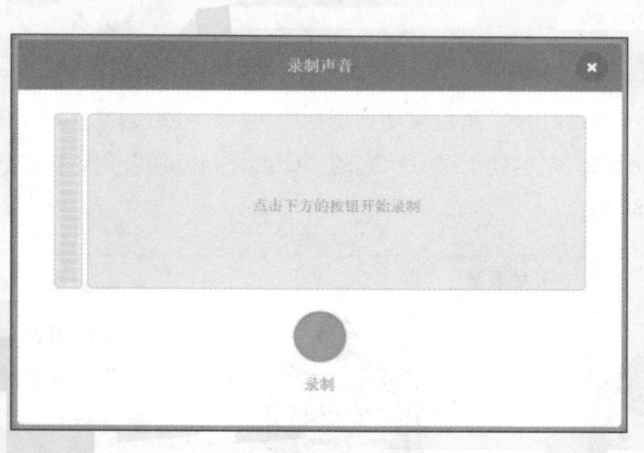

图4-6　录制声音界面

步骤 3：录制并保存声音后，可以在图 4-5 的“声音”选项卡中对声音进行简单的编辑与修改。

任务三 "Giga Singing"角色接收到"开始表演"消息后在舞台中央出现并开始歌唱表演。

1. "Giga Singing"角色的流程分析

设置"Giga Singing"角色在程序开始时为隐藏状态，在接收到"开始表演"广播消息之后显示角色，然后按顺序播放"报幕""歌曲""谢幕"3个声音，并切换该角色造型产生嘴巴张合的效果。

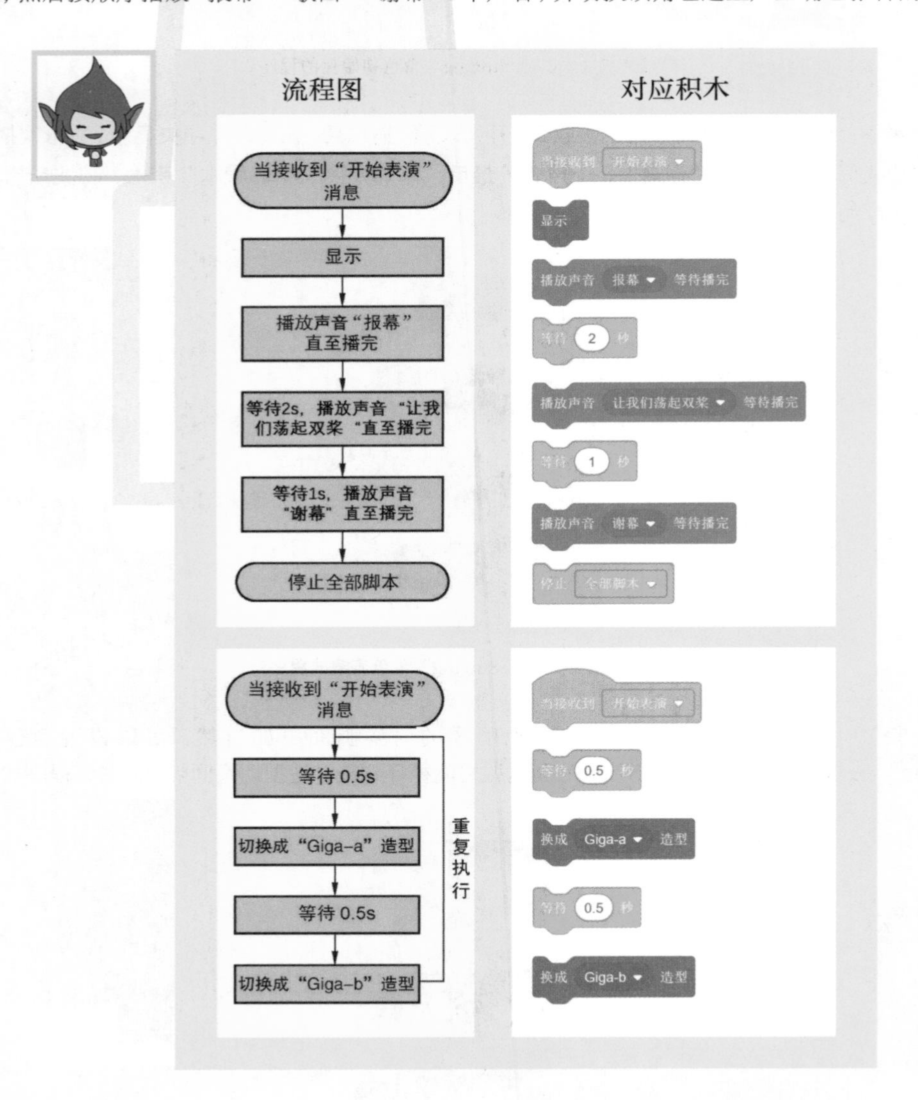

2. 搭建积木

步骤 1：设置“Giga Singing”角色初始位置在舞台中央。对“Giga Singing”角色编程，当点击绿旗开始运行程序时，设置该角色为隐藏状态，程序如图 4-7 所示。

图4-7 “Giga Singing”角色初始化的程序

步骤 2：当“Giga Singing”角色接收到“开始表演”消息后，在舞台正中央显示，并依次播放“报幕”“让我们荡起双桨”“谢幕”3 个声音，最后，添加“停止全部脚本”积木，停止所有角色的程序，程序如图 4-8 所示。

图4-8 “Giga Singing”角色表演的程序

步骤 3：为了让“Giga Singing”角色唱歌的时候画面更加自然，可以设置角色“Giga Singing”在“Giga-a”造型与“Giga-b”造型之间循环切换，造型切换间隔 0.5 秒，程序如图 4-9 所示。

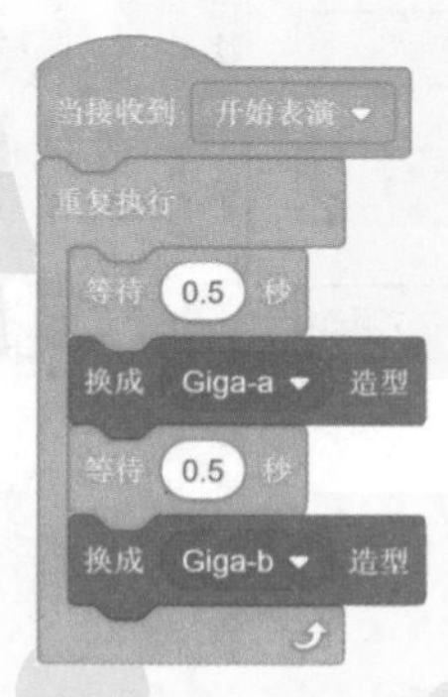

图4-9 “Giga Singing”角色造型切换的程序

现在，整个游戏的程序就编写完成啦！快点击绿旗试试吧！

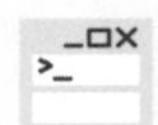

4.5　任务拓展

Giga 的个人演唱会圆满结束了，现在我们想要在表演结束后为他庆贺，大家思考一下，在 Giga 唱歌结束后，如何利用广播功能将背景图片切换成庆贺的场景，效果如图 4-10 所示。

图4-10　任务拓展效果图

第 5 课　小小钢琴家

5.1　任务背景

妈妈教 Giga 学唱歌曲《小星星》，Giga 希望自己可以用钢琴来弹奏这首歌。为此，Giga 妈妈给 Giga 准备了一台钢琴与《小星星》的歌谱，接下来，让我们与 Giga 一起边弹边唱吧。

5.2　内容分析

程序运行效果如图 5-1 所示。

歌谱

1155|665-|4433|221-|5544|332-|5544|332-|1155|665-|4433|221-|

鼠标单击黑琴键能够播放相应的音符。

按键盘上的1~7数字键能够播放相应的音符，并改变白琴键颜色。

歌谱

鼠标单击后显示歌谱。

小星星

鼠标单击后播放歌曲。

停止

鼠标单击后停止播放歌曲。

图5-1　程序运行效果

完成本项目任务需要 1 个“Spotlight”背景和 17 个角色，角色包括“Giga”“白琴键”（共 7 个）“黑琴键”（共 5 个）“歌谱”“歌谱按钮”“小星星按钮”和“停止按钮”（见图 5-2~ 图 5-8）。

图5-2 “Giga”角色

图5-3 “白琴键”角色

图5-4 “黑琴键”角色

图5-5 “小星星按钮”角色

图5-6 “歌谱按钮”角色

图5-7 “停止按钮”角色

1155|665-4433|221-|5544|332-|1155|665-|4433|221-|

图5-8 “歌谱”角色

5.3 任务分解

任务一 导入背景及“Giga”“歌谱”“歌谱按钮”“小星星按钮”“停止按钮”这5个角色。绘制7个“白琴键”和5个“黑琴键”角色。

任务二 按下键盘上的1~7数字键时能够播放出对应的音符与节拍，并且琴键的显示效果会发生改变。用鼠标左键单击黑琴键时，能够播放出相应音符。

任务三 单击“小星星按钮”角色时播放《小星星》歌曲，单击“停止按钮”角色时停止播放歌曲，单击“歌谱按钮”角色时显示《小星星》的歌谱。

5.4 程序设计

任务一 导入背景及“Giga”“歌谱”“歌谱按钮”“小星星按钮”“停止按钮”这5个角色。绘制7个“白琴键”和5个“黑琴键”角色。

步骤1：从Scratch背景库中导入“Spotlight”背景，从Scratch角色库中导入“Giga”角色。从素材库中导入“歌谱”“歌谱按钮”“小星星按钮”“停止按钮”4个角色。

步骤2：单击角色区的 绘制 ，跳转至“造型”选项卡界面，利用图5-9所示绘图工具绘制7个“白琴键”角色，分别命名为“Do、Re、Mi、Fa、So、La、Si”。

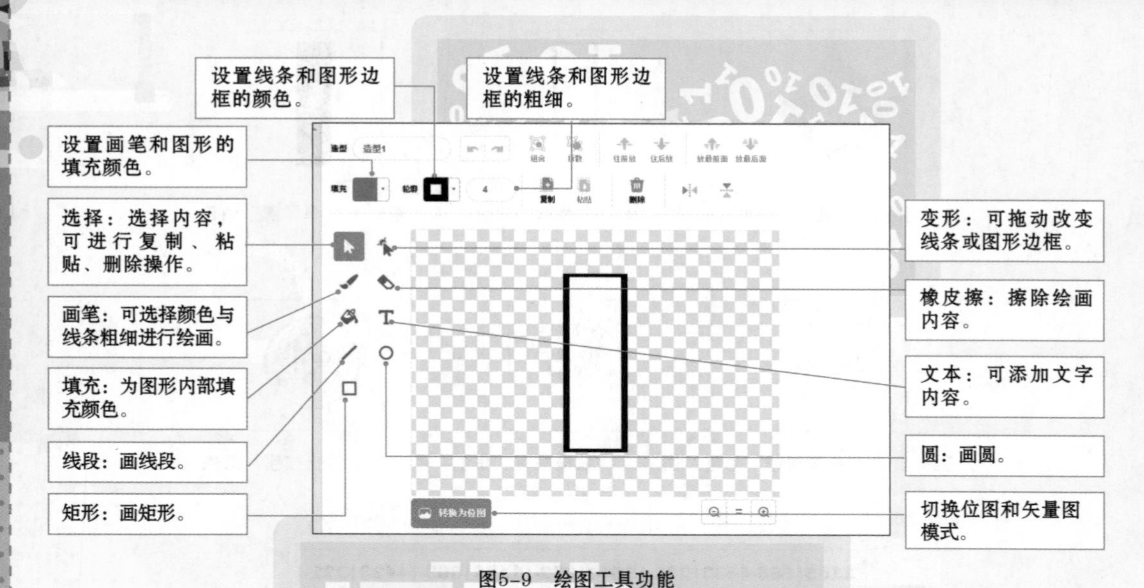

设置线条和图形边框的颜色。
设置线条和图形边框的粗细。
设置画笔和图形的填充颜色。
选择：选择内容，可进行复制、粘贴、删除操作。
画笔：可选择颜色与线条粗细进行绘画。
填充：为图形内部填充颜色。
线段：画线段。
矩形：画矩形。
变形：可拖动改变线条或图形边框。
橡皮擦：擦除绘画内容。
文本：可添加文字内容。
圆：画圆。
切换位图和矢量图模式。

图5-9　绘图工具功能

“白琴键”角色包括两个造型，分别对应琴键按下与松开的状态，如图 5-10 所示。

图5-10　白琴键的两个造型

矢量图和位图

矢量图清晰度与分辨率无关，无论放大或缩小其清晰度都不会变。位图由单个像素点组成，当放大位图时，像素点也会被放大，从而使线条和形状显得参差不齐。

步骤 3：绘制 5 个“黑琴键”角色，分别命名为“#Do、#Re、#Fa、#So、#La”，角色区中所有角色列表如图 5-11 所示。

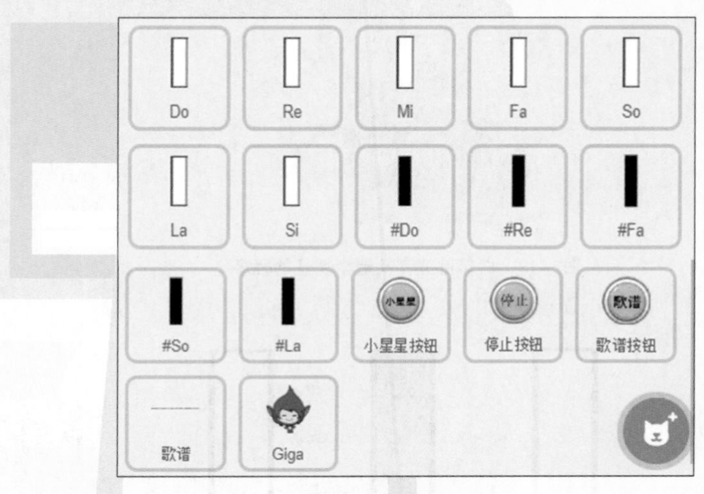

图 5-11 角色列表

步骤 4：在舞台中调整好各个角色的大小与位置，如图 5-1 所示。

任务二 按下键盘上的 1~7 数字键时能够播放出对应的音符与节拍，并且琴键的显示效果会发生改变。用鼠标左键单击黑琴键时，能够播放出相应音符。

步骤 1：单击“代码”选项卡左下方的“添加扩展”按钮，打开积木扩展面板，选择“音乐”，添加“音乐”积木模块，如图 5-12 所示。

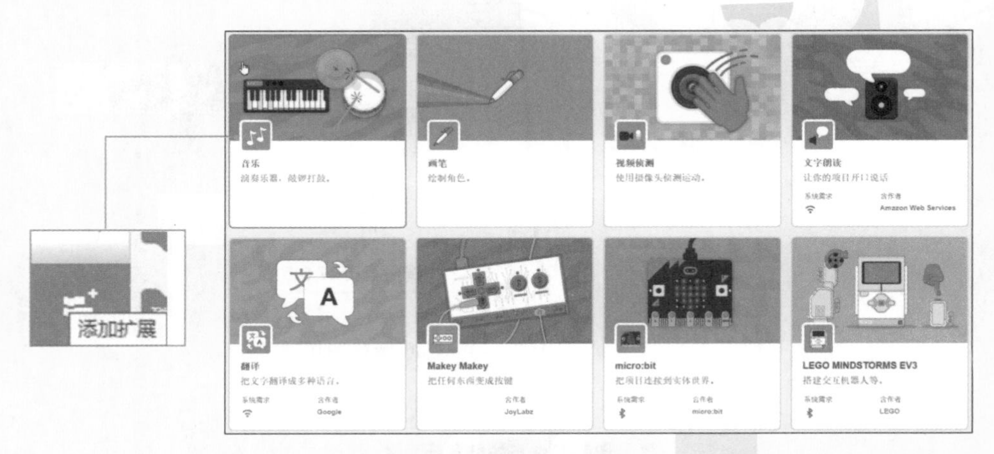

图5-12 添加“音乐”程序块

步骤 2：对白琴键“Do”角色编程，程序如图 5-13 所示。当按下键盘上的数字“1”键时，琴键切换到“造型 2”，然后通过“音乐”模块中的“演奏音符 48 0.5 拍”积木弹奏相应音符，弹奏完后再切换回“造型 1”，白琴键变化效果如图 5-14 所示。

图5-13　白琴键演奏及造型切换的程序

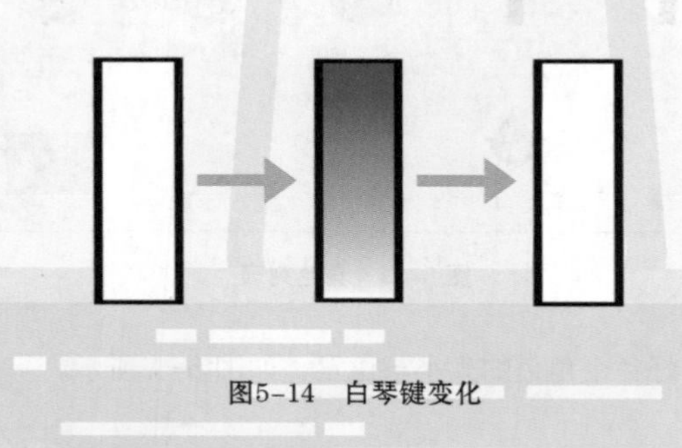

图5-14　白琴键变化

步骤 3：依照步骤 2 对其余 6 个“白琴键”角色编程，各个角色音符设置如图 5-15 所示。

图5-15　白琴键音符节拍

步骤 4：对黑琴键“#Do”角色编程，程序如图 5-16 所示。利用“事件”模块中的“当角色被点击”积木，使“#Do”角色被鼠标左键单击时执行相应的演奏音符指令。

当角色被点击
演奏音符 49 0.5 拍

图5-16 “#Do”角色程序

步骤 5：依照步骤 4 对其余的“#Re、#Fa、#So、#La” 5 个黑琴键编程，各角色音符设置如图 5-17 所示。

黑琴键
#Do
演奏音符49 0.5拍
#Re
演奏音符51 0.5拍
#Fa
演奏音符54 0.5拍
#So
演奏音符56 0.5拍
#La
演奏音符58 0.5拍

图5-17 “黑琴键”音符节拍

任务三 单击“小星星按钮”角色时播放《小星星》歌曲，单击“停止按钮”角色时停止播放歌曲，单击“歌谱按钮”角色时显示《小星星》的歌谱。

搭建积木

步骤 1：对“小星星按钮”角色编程，当角色被单击时，利用“外观”模块中的“将 亮度 特效增加 25”积木将“小星星按钮”角色亮度增加 25%，等待 0.1 秒后，再清除特效，使按钮产生闪烁效果，如图 5-18 所示。

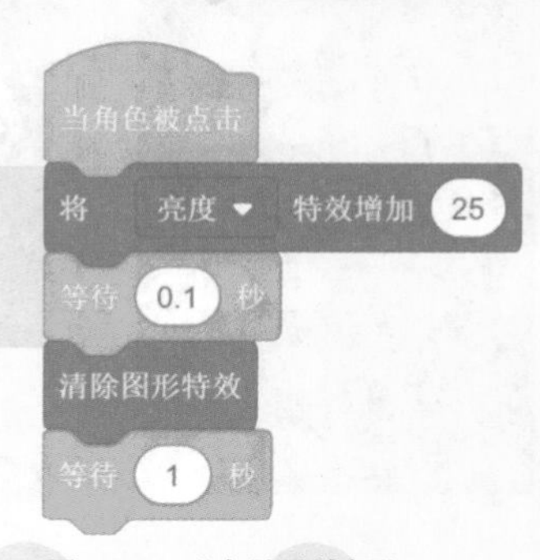
当角色被点击
将 亮度 特效增加 25
等待 0.1 秒
清除图形特效
等待 1 秒

图5-18 “小星星按钮”角色的程序

"特效增加"积木能够让角色产生特定的显示效果，如亮度特效能够使角色亮度增加。特效还包括"鱼眼""漩涡""像素化""马赛克""虚像""颜色"等，以下为"小星星按钮"角色不同特效增加 50% 的效果。

无特效

"亮度"特效

"鱼眼"特效

"虚像"特效

"马赛克"特效

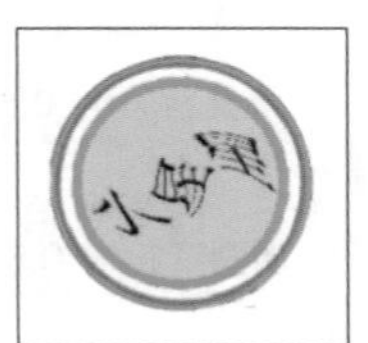

"漩涡"特效

"颜色"特效

"像素化"特效

步骤 2：依照《小星星》歌谱，利用"演奏音符"积木搭建《小星星》歌曲播放程序，如图 5-19 所示。

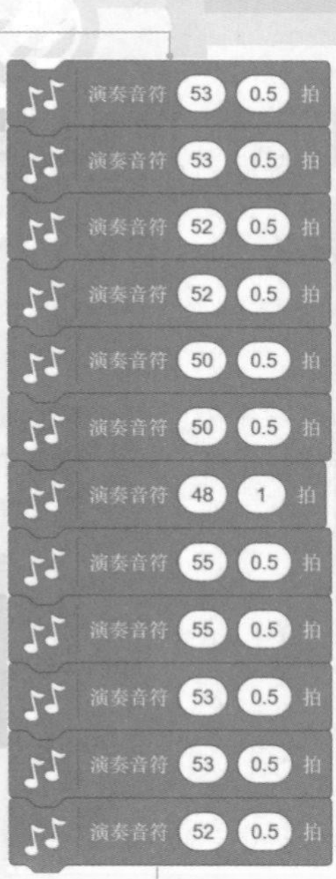

图5-19 "小星星按钮"角色的程序

步骤3：对“停止按钮”角色编程，当“停止按钮”角色被单击时，广播“停止”消息。同时，再对“小星星按钮”角色编程，当接收到“停止”消息时，停止播放音乐，程序如图5-20所示。

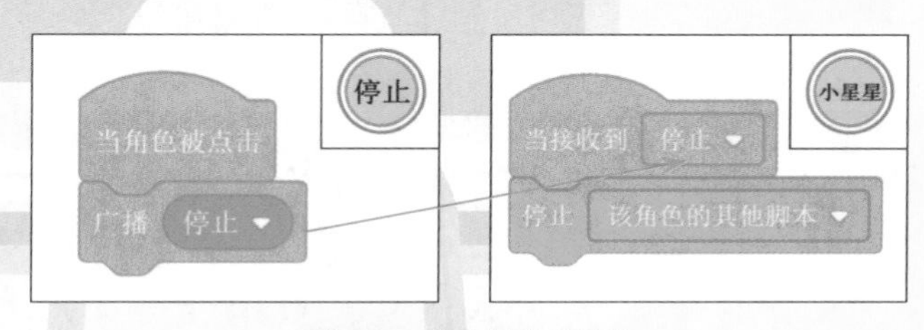

图5-20 停止播放的程序

步骤4：对“歌谱按钮”角色编程，单击“歌谱按钮”角色即广播“显示歌谱”消息，程序如图5-21所示。

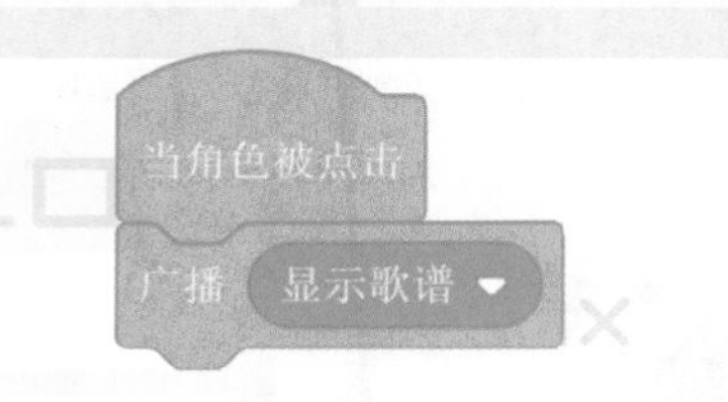

图5-21 “歌谱按钮”角色的程序

步骤5：再对“歌谱”角色编程，单击绿旗开始运行程序时“歌谱”角色隐藏，当接收到“显示歌谱”消息后则显示，程序如图5-22所示。

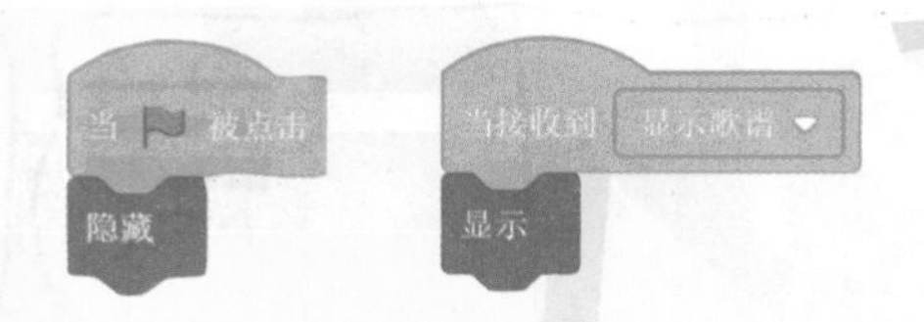

图5-22 “歌谱”角色的程序

现在，我们就大功告成啦！快来跟着Giga一起弹奏《小星星》吧！

5.5 任务拓展

谢谢你帮助Giga学习弹奏钢琴，“音乐”模块中还可以将演奏乐器设置为风琴、吉他、萨克斯管、长笛等，快试着去创作更多好听的音乐吧。

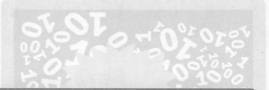

第 6 课　神奇的画板

6.1　任务背景

同学们都喜欢在纸上绘画涂鸦，可是会浪费纸张。为了制造纸张，工厂每年都会砍伐大量的树木，从而导致环境被破坏。那么，有什么解决办法吗？今天，就让我们一起来制作一个电子画板，看看它有什么神奇之处吧！

6.2　内容分析

程序运行效果如图 6-1 所示。

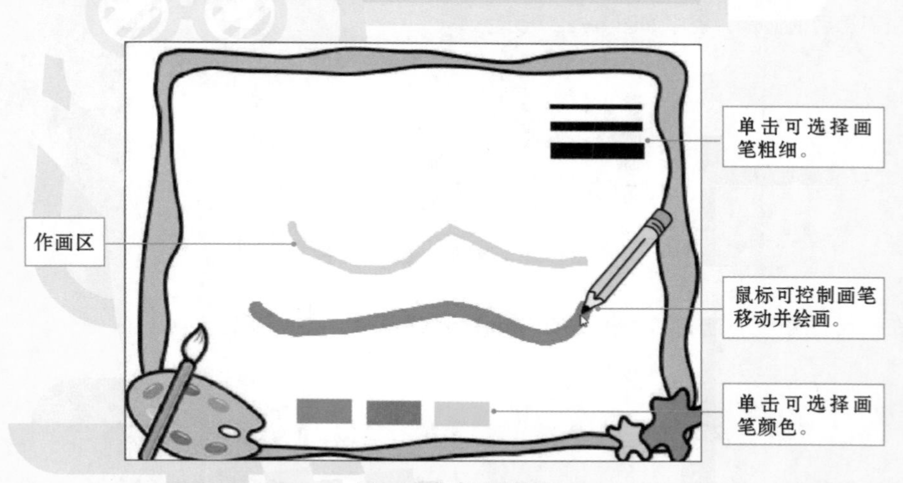

单击可选择画笔粗细。
作画区
鼠标可控制画笔移动并绘画。
单击可选择画笔颜色。

图6-1　程序运行效果

完成本项目任务需要 1 个“画板”背景、1 个“画笔”角色、3 个“颜色选择”角色及 3 个“粗细选择”角色（见图 6-2~ 图 6-4）。

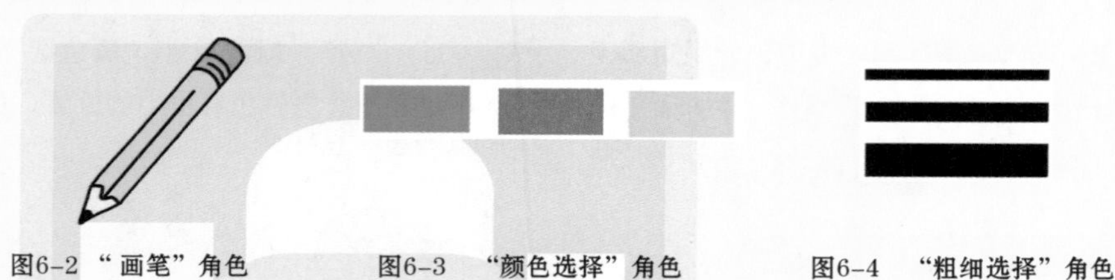

图6-2 “画笔”角色　　图6-3 “颜色选择”角色　　图6-4 “粗细选择”角色

6.3 任务分解

任务一 导入“画板”背景和“画笔”角色，绘制红、黄、蓝3个“颜色选择”角色，以及3个“粗细选择”角色。

任务二 通过鼠标控制画笔的移动、抬笔、落笔。

任务三 用画笔单击“颜色选择”角色及“粗细选择”角色，可以改变画笔的颜色与粗细。

6.4 程序设计

任务一 导入“画板”背景和“画笔”角色，绘制红、黄、蓝3个“颜色选择”角色，以及3个“粗细选择”角色。

步骤1：从素材库中导入“画板”背景，从Scratch角色库中导入“画笔”角色。选中“画笔”角色，在“造型”选项卡中将“画笔”角色的笔尖移动到中心点，使得笔尖成为“画笔”角色的中心，如图6-5所示。

造型编辑区中角色造型的中心点位置代表角色在舞台中的坐标位置，绘画就是将角色在舞台中的坐标变化轨迹显示出来，因此，将“画笔”角色造型的笔尖对准中心点，可以实现用笔尖绘画的效果。

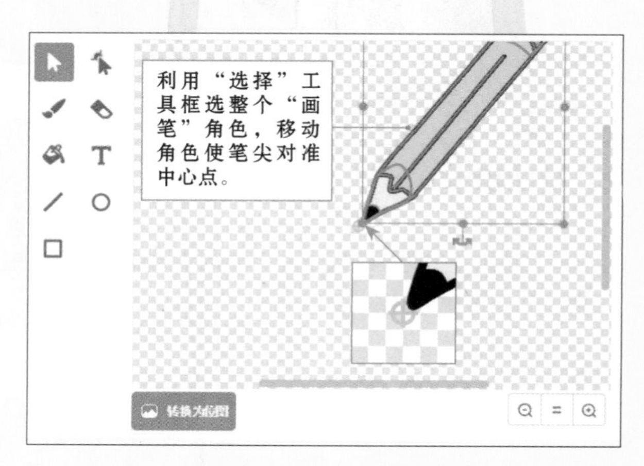
利用“选择”工具框选整个“画笔”角色，移动角色使笔尖对准中心点。
转换为位图

图6-5 将“画笔”角色的笔尖移动到中心点

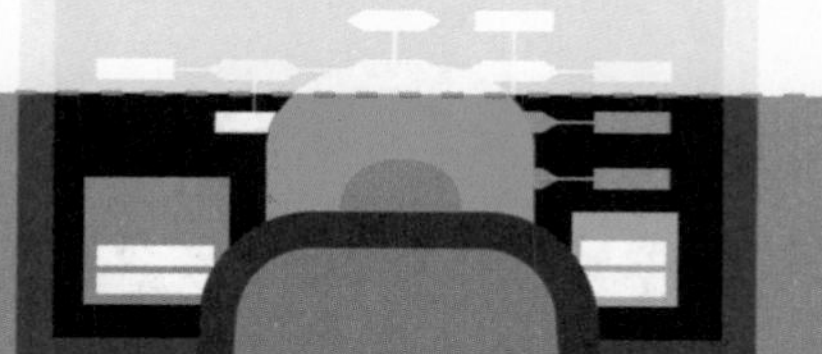

步骤 2：在“造型”选项卡中，使用矩形工具绘制“红”“黄”“蓝”3 个“颜色选择”角色，以及“线 1”“线 2”“线 3”3 个“粗细选择”角色，并调整各个角色在舞台中的位置，如图 6-1 所示。

任务二 通过鼠标控制画笔的移动、抬笔、落笔。

1. “画笔”角色的流程分析

将“画笔”角色在舞台上的运动轨迹显示出来，就可以在“画板”上绘画了。能够使角色的运动轨迹显示，则角色的运动轨迹不显示。

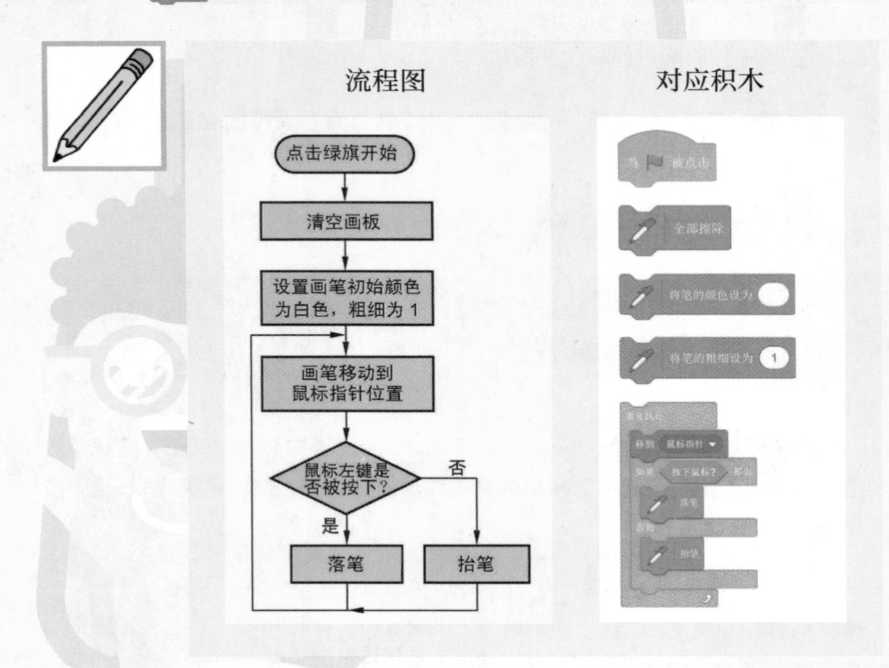

2. 搭建积木

步骤 1：单击“代码”选项卡左下方的“添加扩展”按钮，打开积木扩展面板，选择并添加“画笔”模块，如图 6-6 所示。

图6-6　添加“画笔”扩展模块

步骤2：当程序开始时，利用 全部擦除 清空舞台上所有的笔迹，将“画笔”角色的颜色设置为白色，粗细设置为1，如图6-7所示。

步骤3：重复执行让画笔“移到鼠标指针”位置的指令，这样“画笔”角色就能跟随鼠标指针移动了。在“画笔”角色移动的过程中，如果按下鼠标左键，执行“落笔”指令，此时“画笔”角色移动将留下笔迹；当松开鼠标左键，执行“抬笔”指令，此时“画笔”角色移动不会留下笔迹，程序如图6-8所示。

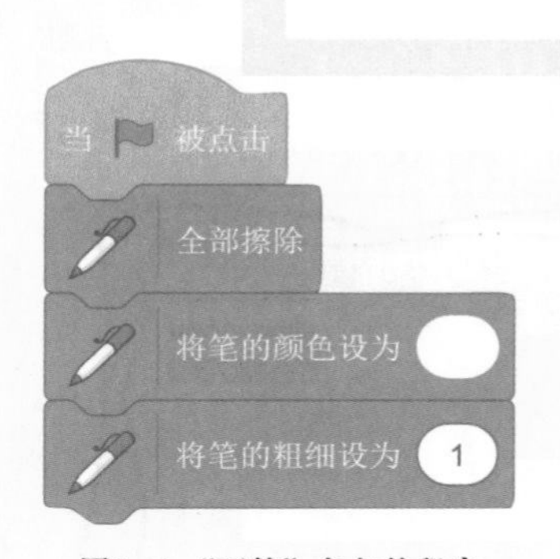

图6-7　“画笔”角色的程序

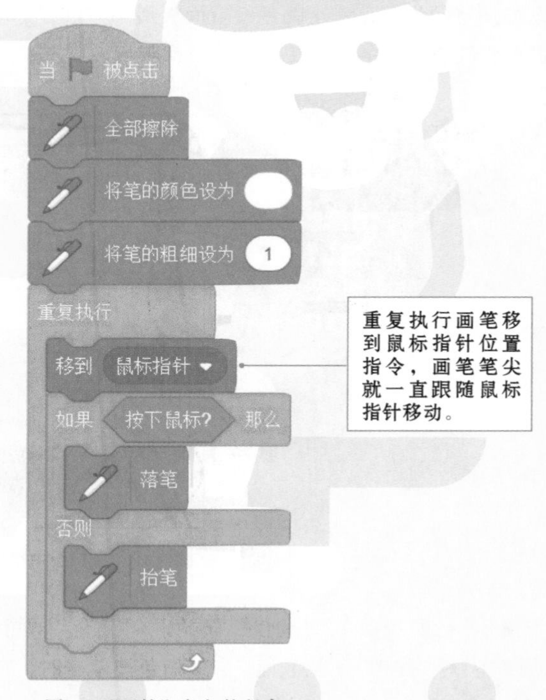

图6-8“画笔”角色的程序

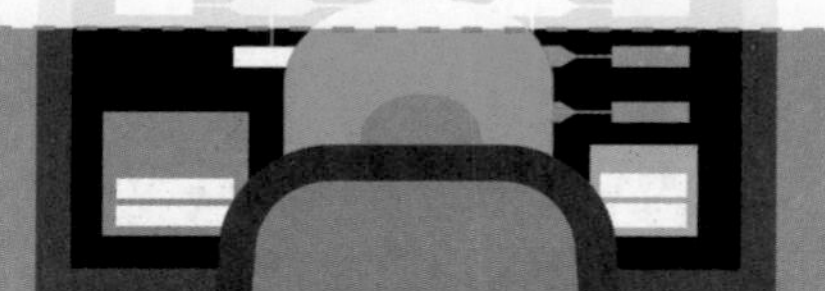

任务三 用画笔单击“颜色选择”角色及“粗细选择”角色，可以改变画笔的颜色与粗细。

> 当“颜色选择”角色和“粗细选择”角色被单击时，“画笔”角色绘画线条的颜色与粗细将会随之改变。这种通过单击一个角色，从而引起另一个角色发生改变的情况，需要用到我们已经学习过的“广播”积木。

步骤1：首先对“红色”角色编程，当该角色被单击时，广播“红色”消息。然后对“画笔”角色编程，当“画笔”角色接收到“红色”消息时，将画笔的颜色设置为红色，程序如图6-9所示。

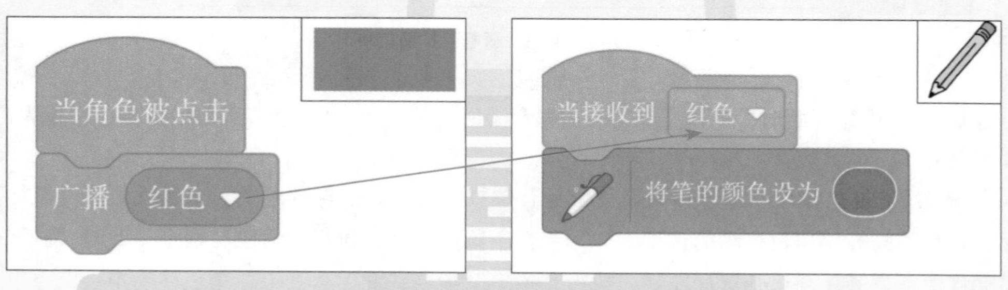

图6-9 “画笔”角色与“红色”角色的程序

设置画笔颜色时，单击颜色设置面板最下方的选项，鼠标指针变为圆形，此时通过鼠标可以拾取舞台中任意位置的颜色，如图6-10所示。

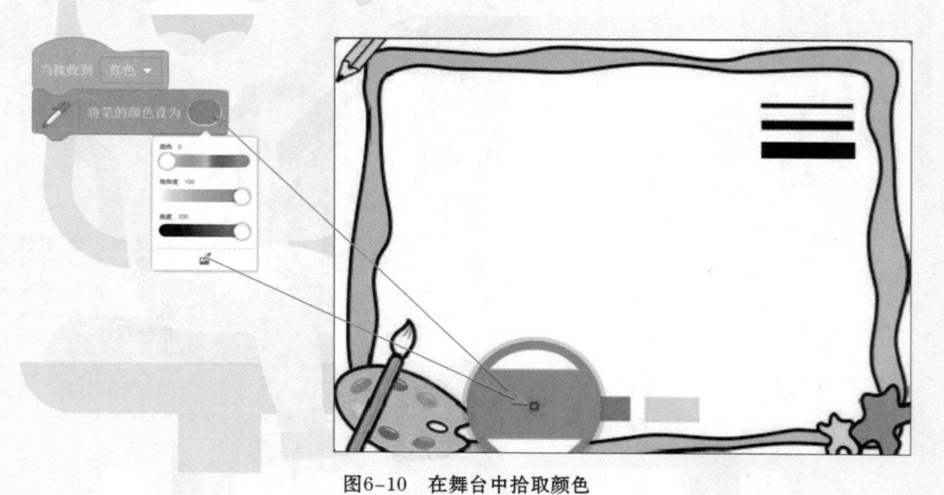

图6-10 在舞台中拾取颜色

步骤2：依照步骤1，分别对“黄色”“蓝色”两个角色编程。

步骤3：对“线1”角色编程，当该角色被单击时，广播“线1”消息。然后对“画笔”角色编程，当“画笔”角色接收到“线1”消息时，将笔的粗细设置为3，程序如图6-11所示。

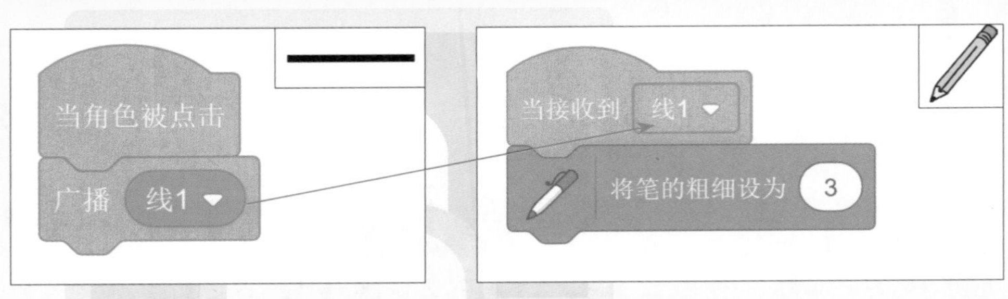

图6-11　“画笔”角色与“线”角色的程序

步骤4：依照步骤3，分别对“线2”“线3”两个角色编程，当“画笔”角色接收到“线2”“线3”消息时，画笔的粗细分别设置为7和12。

现在，我们神奇小画板就大功告成啦！请你发挥自己的艺术小细胞，在画板上尽情创作绘画吧！

6.5　任务拓展

我们在画板中设置绘画线条粗细时，会在“粗细选择”角色上留下画笔痕迹，如图6-12所示，但这并不是我们想绘画的内容，你能想办法让我们在设置线条粗细时不留下画笔痕迹吗？

图6-12　任务拓展效果图

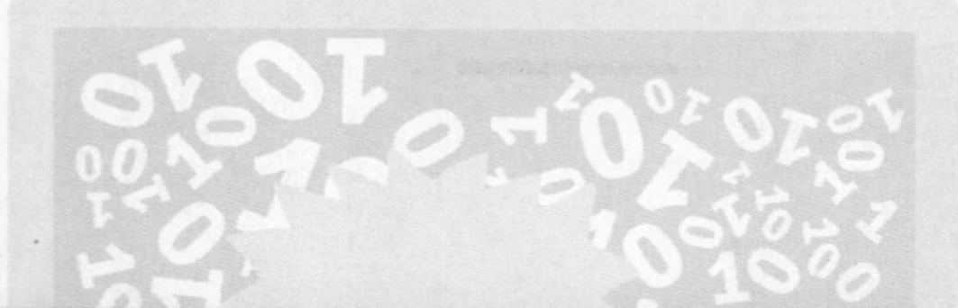

第 7 课　百变多边形

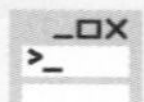

7.1　任务背景

正多边形是指各条边的边长都相等的多边形，例如正四边形、正六边形等。生活中的正多边形无处不在，比如魔方（见图 7-1）。接下来，让我们试试如何通过编程绘制百变多边形吧。

图7-1　生活中的正多边形

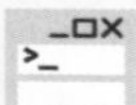

7.2　内容分析

程序运行效果如图 7-2 所示。

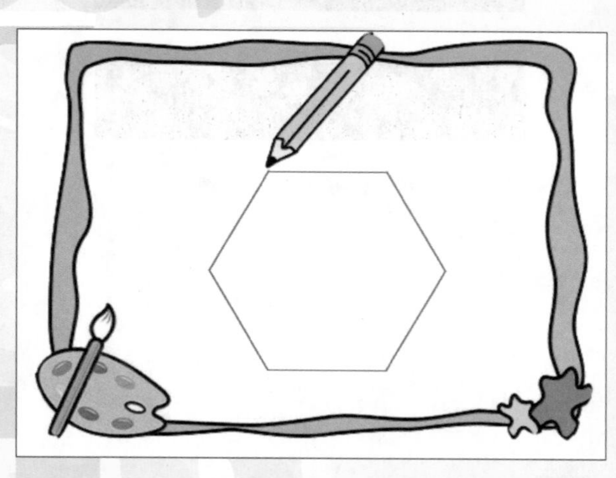
图7-2　程序运行效果

完成本项目任务需要 1 个“画板”背景和 1 个“画笔”角色（见图 7-3）。

图7-3　“画笔”角色

7.3　任务分解

任务一　使用“画笔”角色在舞台中绘制正方形。

任务二　使用“画笔”角色在舞台中绘制正六边形。

任务三　使用图章工具复制图像绘制正六边形。

任务四　绘制百变图形。

7.4　程序设计

任务一　使用“画笔”角色在舞台中绘制正方形。

1. “画笔”角色绘制正方形的流程分析

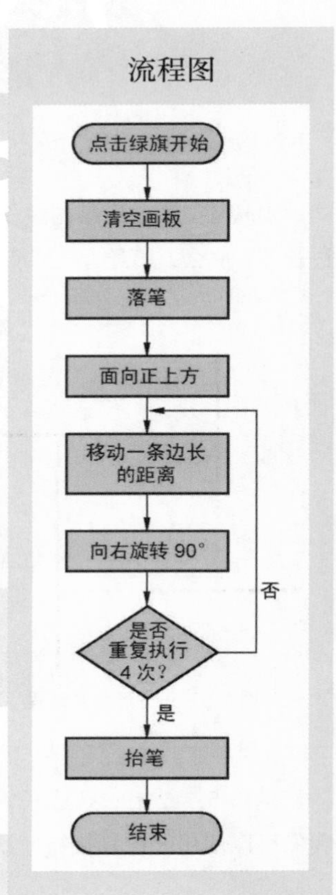
流程图
点击绿旗开始
清空画板
落笔
面向正上方
移动一条边长的距离
向右旋转 90°
否
是否重复执行4次?
是
抬笔
结束

2. 搭建积木

步骤 1：新建文件，从素材库中导入“画板”背景，从 Scratch 角色库中导入“画笔”角色，并在“造型”选项卡中将笔尖移动到中心点。

步骤 2：对“画笔”角色编程，程序开始时，首先擦除舞台上所有的绘画笔迹，然后执行“落笔”。“落笔”之后，“画笔”角色在舞台中移动的路径都会显示出来。

步骤 3：设置画笔面向正上方（0° 方向），移动 100 步，绘制正方形的第一条边，积木如图 7-4 所示。

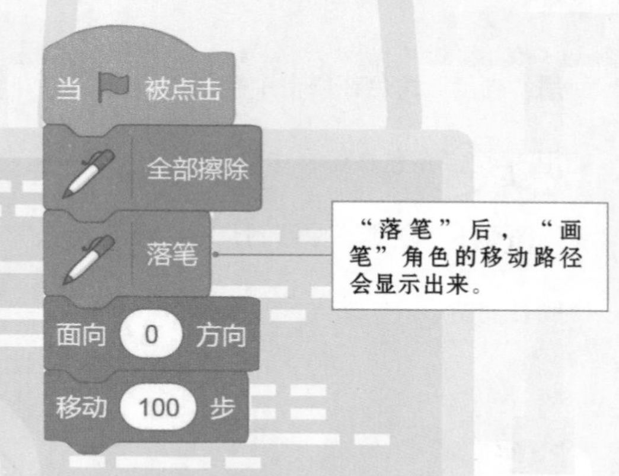

图7-4　绘制第1条边程序

步骤 4：正方形绘制过程如图 7-5 所示，画好第一条边 a 后，需要旋转一定角度，再画第二条边长 b。那么，每绘画完一条边后需要旋转多少度呢？

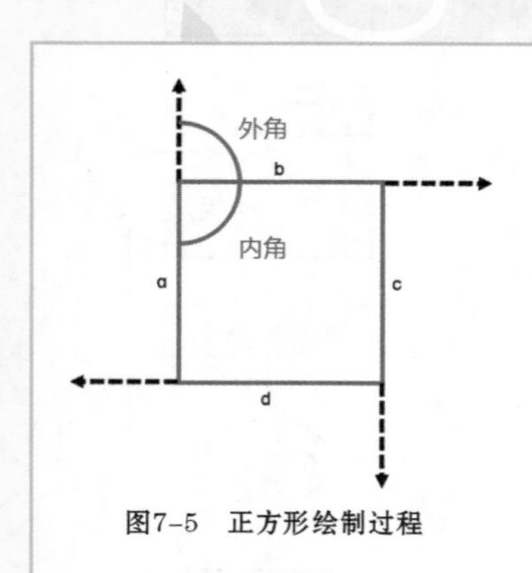

图7-5　正方形绘制过程

画正方形的过程中，每画完一条边之后需要旋转的角度称为正方形的外角。正方形的内角和外角为互补角，即内角 + 外角 =180° 。

已知正方形的内角为 90° ，则正方形的外角也为 90° 。因此，绘画正方形时，每画完一条边之后旋转的角度为 90° 。

步骤 5：绘制一条边长需要移动 100 步，然后旋转 90° ，总共需要重复绘制 4 条边。在此，我们可以使用“重复执行 4 次”积木来实现。

步骤6：加入“抬笔”积木，角色移动的路线将不会再显示，即停止绘制，程序如图7-6所示。请思考一下，为什么最后要加个抬笔积木呢？

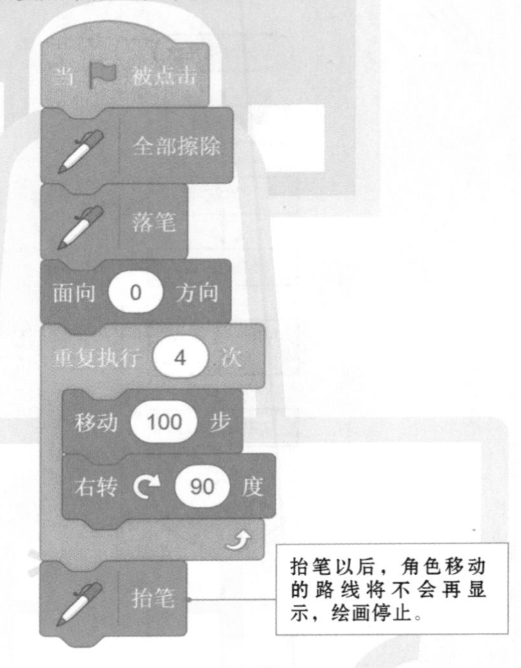

图7-6 绘制正方形程序

任务二 使用“画笔”角色在舞台中绘制正六边形。

1. “画笔”角色绘制正六边形的流程分析

画正六边形的程序和画正四边形的程序类似，关键在于循环次数和旋转角度不同，我们知道画正六边形需要循环绘画6条边，那么每画完一条边后旋转的角度又是多少呢？

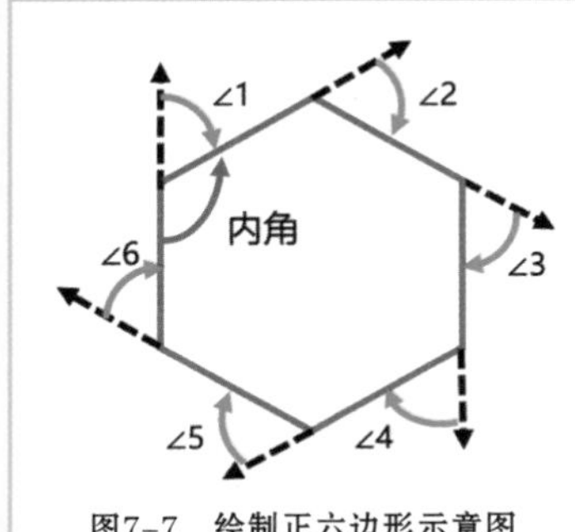

图7-7 绘制正六边形示意图

绘制正六多边形的过程中，总共需要画6条边，每画一条边需要旋转一个固定的角度，共需要旋转6次。由图7-7可知，6次旋转正好是一个圆周360°。

即：$\angle 1+\angle 2+\angle 3+\angle 4+\angle 5+\angle 6=360°$。

因为正六边形每个外角相等，所以绘画正六边形每次旋转的角度为$360° \div 6=60°$。

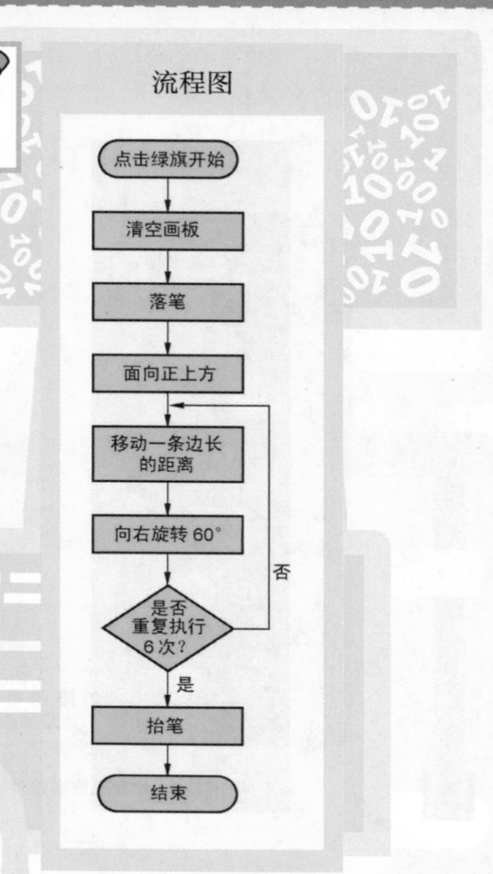
流程图
点击绿旗开始
清空画板
落笔
面向正上方
移动一条边长的距离
向右旋转 60°
是否重复执行6次？
否
是
抬笔
结束

2. 搭建积木

知道了绘制正六边形循环的次数和旋转的角度，就可以对“画笔”角色进行编程了，程序如图 7-8 所示。

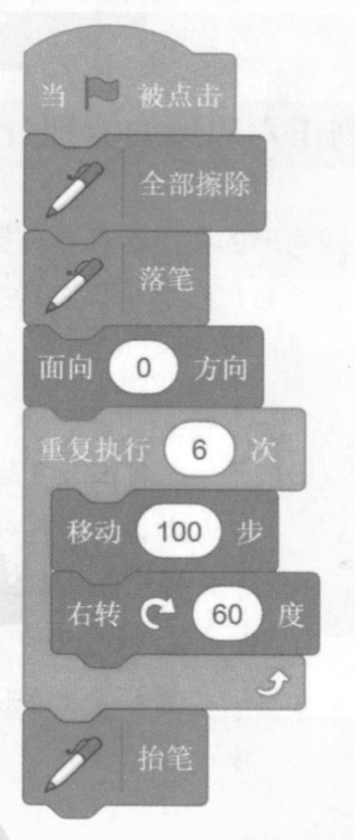
当 被点击
全部擦除
落笔
面向 0 方向
重复执行 6 次
移动 100 步
右转 60 度
抬笔

图7-8 绘制正六边形的程序

想一想

如何绘制正八边形、正二十边形、正四十边形呢？绘制不同边数的正多边形时，每绘制完一条边后要旋转多少度？随着正多边形的边数越来越多，你发现什么规律？

任务三 使用图章工具复制图像绘制正六边形。

除了用画笔绘制正多边形以外，我们还可以利用“图章”积木复制 6 个正三角形，进而组成一个正六边形，如图 7-9 所示。

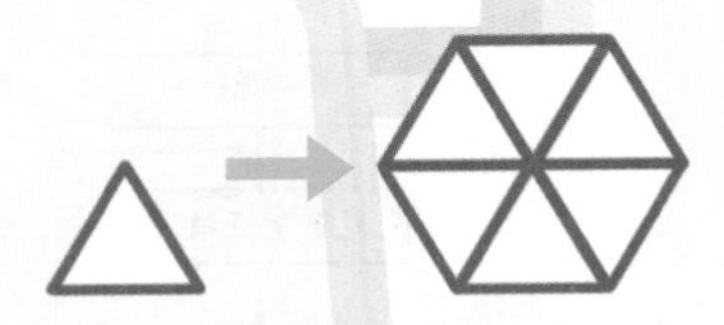

图7-9 复制正三角形组成正六边形

“图章”积木可以实现对角色自身的复制。例如：对“画笔”角色编程，从“画笔”模块中拖出“图章”积木并单击，即可复制“画笔”角色的造型图案，复制后的“画笔”角色会和原“画笔”角色重叠在一起，移动上层“画笔”角色后，可以得到两个角色的造型图案，如图 7-10 所示。

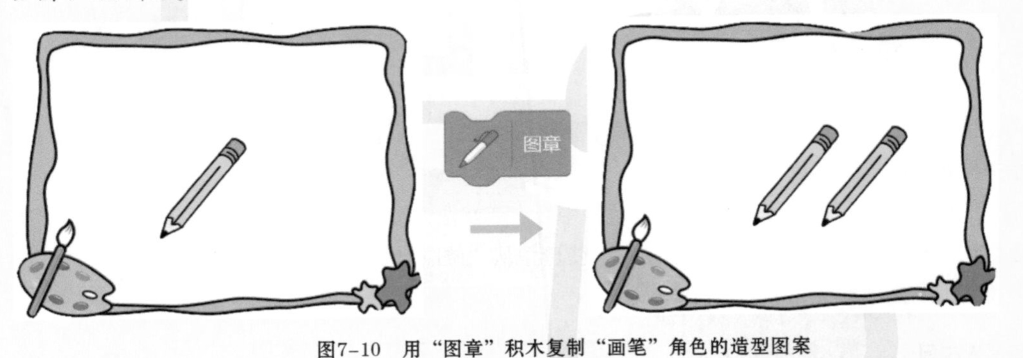

图7-10 用“图章”积木复制“画笔”角色的造型图案

接下来，我们一起看看如何通过“图章”积木复制正三角形来绘制正六边形。

1．“图章”积木绘制正六边形的流程分析

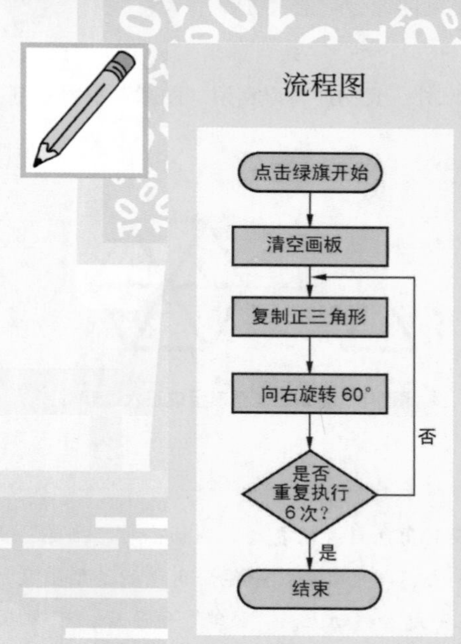
流程图
点击绿旗开始
清空画板
复制正三角形
向右旋转 60°
否
是否
重复执行
6 次？
是
结束

2．搭建积木

步骤 1：新建一个文件，从素材库中导入“画板”背景和“正三角形”角色，从 Scratch 角色库中导入“画笔”角色。

步骤 2：设置“正三角形”角色造型的中心点。首先，选中“正三角形”角色，并切换到“造型”选项卡；其次，单击“转换为矢量图”，使造型从“位图”转换成“矢量图”，并用“选择”工具将角色造型全部框选，如图 7-11 所示。

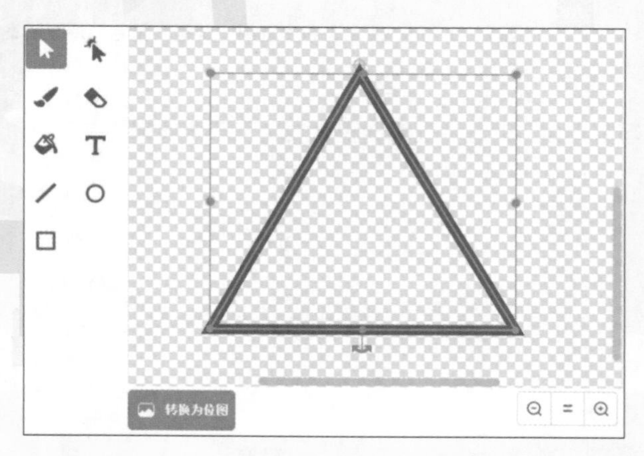
转换为位图

图7-11　选择“正三角形”角色造型

最后，移动正三角形使其顶点对准中心点位置，如图 7-12 所示。这样，正三角形围绕中心点旋转时，顶点位置始终不变。

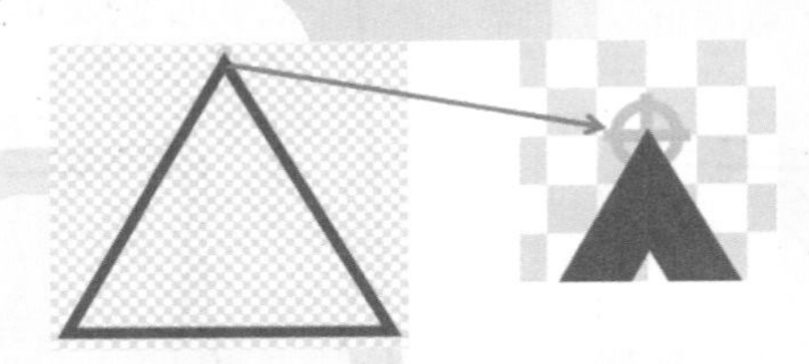

图7-12 正三角形顶点对准中心点

步骤 3：对“正三角形”角色编程，程序开始时，先清除舞台中所有笔迹。

步骤 4：如图 7-13 所示，正六边形由 6 个正三角形组成，蓝色正三角形 A 为导入的正三角形角色，先通过“图章”复制自己，再以蓝色正三角形顶点为中心，从 A 位置旋转 60° 达到 B 位置。重复执行 6 次复制与旋转后，得到正六边形。

图7-13 旋转示意图

知道了循环的次数和旋转的角度，我们就可以对“正三角形”角色进行编程了，程序如图 7-14 所示，最终效果如图 7-15 所示。

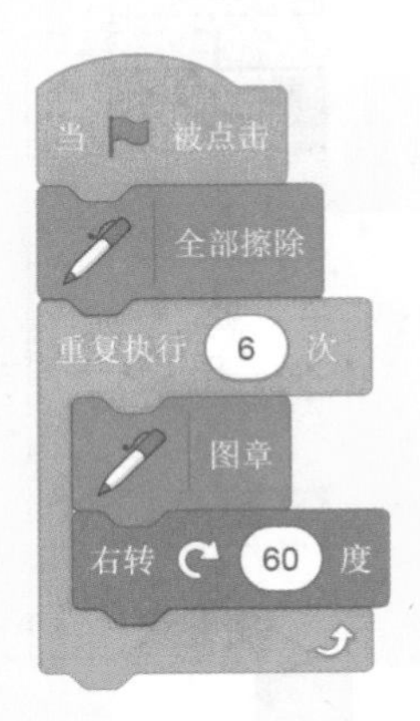

图7-14 绘制正多边形的程序

图7-15 最终效果

任务四 绘制百变图形。

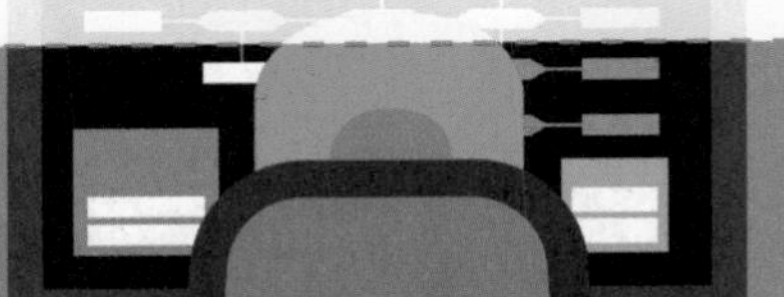

在任务三中，正六边形是对正三角形图片进行复制并旋转后得到的。接下来，我们将通过在舞台直接绘制多个不同角度的正三角形，进而组成一个复杂图案。如图 7-16 所示，在绘画完第一个正三角形后，旋转一定角度再绘画第二个，依次循环一周后即可得到一个复杂的图形。

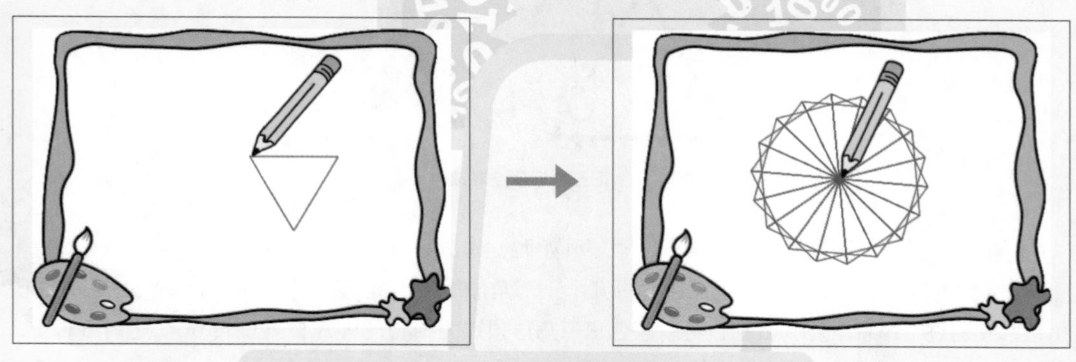

图7-16　绘制百变图形

1. 流程分析

绘制正多边形的各条边需要用到重复执行积木，而连续绘制多个正多边形也要用到重复执行积木，因此需要将一个重复执行积木嵌套到另一个重复执行积木内，我们称之为“嵌套循环”。

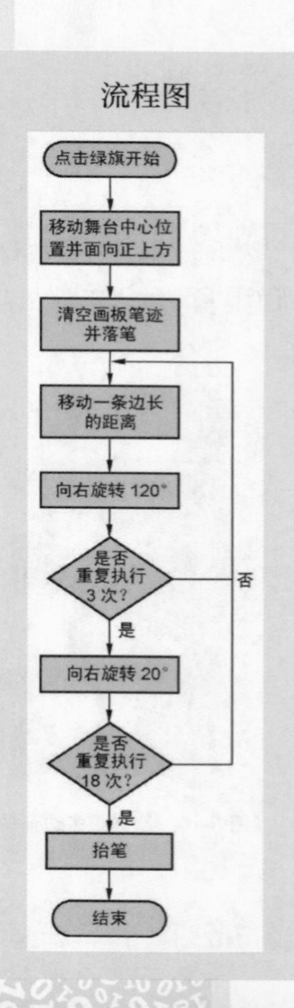
流程图
点击绿旗开始
移动舞台中心位置并面向正上方
清空画板笔迹并落笔
移动一条边长的距离
向右旋转 120°
是否重复执行3 次?
否
是
向右旋转 20°
是否重复执行18 次?
是
抬笔
结束

什么是嵌套循环?

“嵌套循环”是指重复执行积木内再嵌套一个重复执行积木。外层重复执行称为外循环，内层重复执行称为内循环。外层循环每执行一次，内层循环执行一个完整的循环周期。

2. 搭建积木

步骤 1：新建一个文件，从素材库中导入“画板”背景，从 Scratch 角色库中导入“画笔”角色。

步骤 2：对“画笔”角色编程，程序开始时，首先擦除舞台上的所有绘画笔迹，然后执行“落笔”，做好绘画准备。“落笔”之后，“画笔”角色在舞台中移动的路径都会显示出来。最后，设置画笔面向正上方（0° 方向）。

步骤 3：编写内循环脚本，绘制正三角形图案。边长为 100 步，绘画完一条边长后旋转 120° ，重复执行 3 次。

步骤 4：编写外循环脚本，共绘画 18 个正三角形。每绘画完一个正三角形后旋转一定角度，为确保循环 18 次正好旋转一周，每次旋转角度为 360° ÷18=20° ，程序如图 7-17 所示。

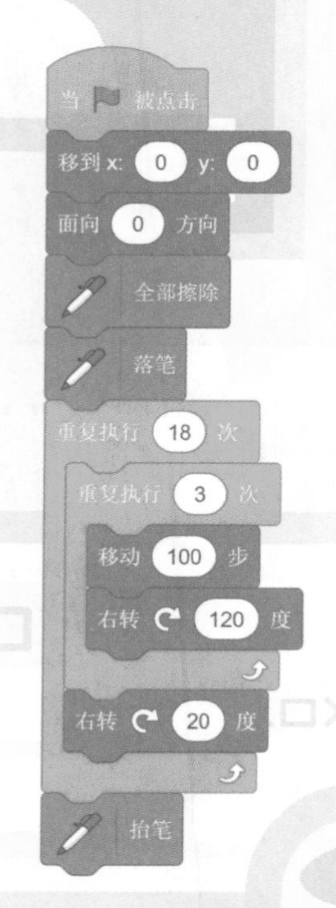

图7-17　绘制多边形的程序

现在，我们就大功告成啦！

7.5　任务拓展

本节课，我们已经学会绘制很多正多边形，你能画出更好看的多边形图案吗？请开动你的脑筋，想想图 7-18 所示的任务拓展效果图如何实现吧！

图7-18　任务拓展效果图

第 8 课　七色彩虹桥

8.1　任务背景

Tera 从小就很崇拜诗仙李白，他想借助七色彩虹桥到九重云霄去寻找诗仙李白。然而，Tera 必须答对李白的诗句，才能见到七色彩虹桥尽头的李白。今天，就让我们一起跟随 Tera 踏上寻找李白之旅吧。

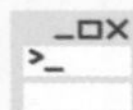

8.2　内容分析

程序运行效果如图 8-1 所示。

红色桥最开始出现并向Tera提问。

答对问题后橙色桥出现，通过按键控制Tera和红色桥一起移动。当红色桥碰到橙色桥后，红色桥会消失，橙色桥开始提问。

除紫色桥外，其他桥都是在碰到下一个桥后消失。

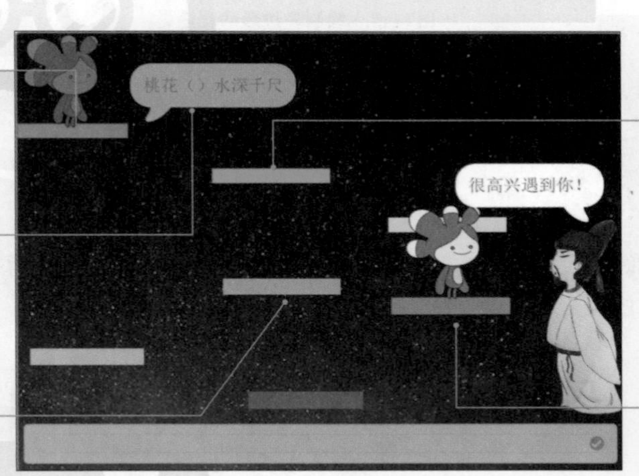

除红色桥外，其他桥都是最开始隐藏，在上一个桥的提问被答对后才出现，并在被上一个桥碰到后才开始提问。

Tera答对紫色桥提问后，李白才会出现并与Tera对话。

图8-1　程序运行效果

完成本项目任务需要 1 个“星空”背景，“Tera”“李白”及 7 个桥角色（见图 8-2~ 图 8-4）。

图8-2 “Tera”角色　　图8-3 “李白”角色

图8-4 7个“桥”角色

8.3 任务分解

任务一 通过“↑、↓、←、→”键控制 Tera 移动。

任务二 绘制红、橙、黄、绿、青、蓝、紫 7 个不同颜色的矩形作为 7 个桥角色，将它们移动到舞台中的适当位置。程序开始时，除红色桥外，其他颜色的桥都隐藏。

任务三 红色桥向 Tera 提问李白的诗句，如果回答错误，则继续提问并等待；如果回答正确，则橙色桥出现，并可以通过按键控制红色桥跟随 Tera 移动。移动过程中，如果红色桥碰到橙色桥，则红色桥消失，橙色桥开始向 Tera 提问。

任务四 除红色桥外，其余桥只有在上一个桥的提问被正确回答后才显示，且只有被上一个桥碰到后才开始提问；除紫色桥外，其余桥只有正确回答提问后才能跟随 Tera 移动，并在碰到下一个桥后消失。

任务五 紫色桥的提问被正确回答后将会消失，然后李白出现。

8.4 程序设计

任务一 通过“↑、↓、←、→”键控制 Tera 移动。

1. “Tera”角色的流程分析

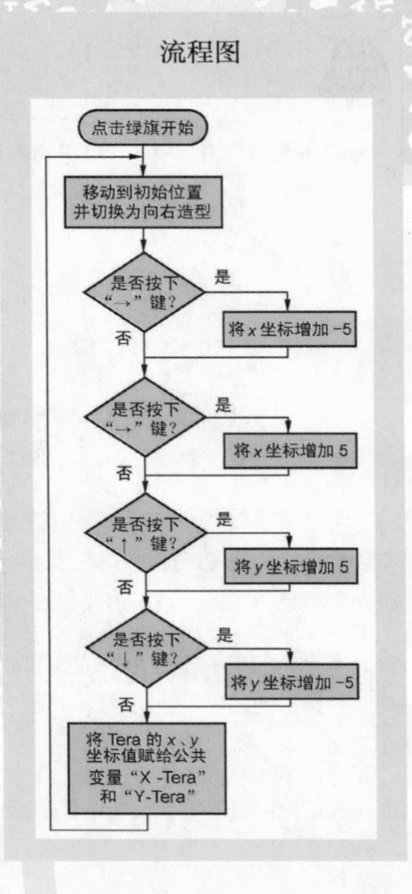

2. 搭建积木

步骤 1：从 Scratch 素材库中导入“星空”背景，从 Scratch 角色库导入“Tera”角色，设置其初始位置在舞台左上方。

步骤 2：对“Tera”角色编程，实现“↑、↓、←、→”键可以控制“Tera”移动，每按一次键移动 5 步。

步骤 3：单击变量，选择，出现图 8-5 所示的新建变量对话框后，新建名为“X-Tera”和“Y-Tera”的两个变量X-Tera、Y-Tera。

什么是变量?

可以将变量理解为一个储物盒，变量名是这个盒子的标签，盒子内可以存放各种数据，并且存放的数据是可以变化的。

如图 8-5 所示，新建变量时有两个单选框，分别是“适用于所有角色”和“仅适用于当前角色”。如果选择前者，则新建的变量能够被其他所有角色共同使用，称为“全局变量”；如果选择后者，则新建的变量只能够被当前选中的角色使用，称为“局部变量”。

图8-5 新建变量

步骤 4：在“运动”模块中，包含有 x 坐标 、y 坐标 两个变量积木，分别存放着当前角色“Tera”的 x、y 坐标值，但这两个变量是局部变量，它的值只能被“Tera”角色使用。新建变量“X-Tera”“Y-Tera”时选择“适用于所有角色”，并将 x 坐标 、y 坐标 的值赋给这两个全局变量，这样其他角色就可以通过“X-Tera”“Y-Tera”变量获得“Tera”角色的坐标了，程序如图 8-6 所示。

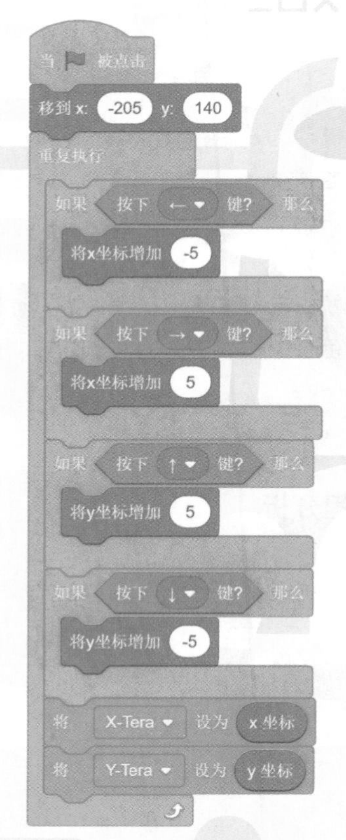

图8-6 “Tera”角色的程序

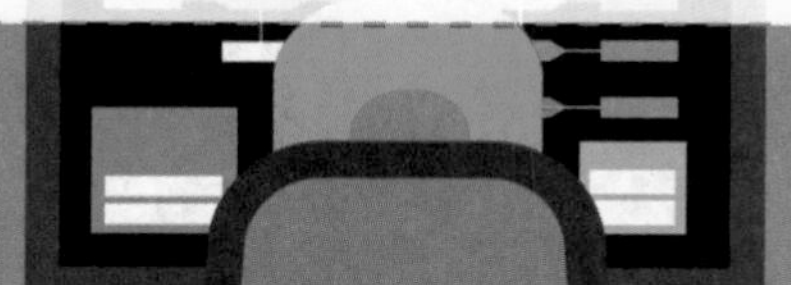

任务二

绘制红、橙、黄、绿、青、蓝、紫 7 个不同颜色的矩形作为 7 个桥角色，将它们移动到舞台中的适当位置。程序开始时，除红色桥外，其他颜色的桥都隐藏。

步骤 1：绘制 7 个桥角色，分别为红、橙、黄、绿、青、蓝、紫 7 个不同颜色的矩形，并参照图 8-1 将角色移动到舞台相应的位置。

步骤 2：程序开始时，将红色桥设置为显示状态，其他桥都设置为隐藏状态，程序如图 8-7、图 8-8 所示。

图8-7 “红色桥”角色的程序　　图8-8 其他6个桥角色的程序

任务三

红色桥向 Tera 提问李白的诗句，如果回答错误，则继续提问并等待；如果回答正确，则橙色桥出现，并可以通过按键控制红色桥跟随 Tera 移动。移动过程中，如果红色桥碰到橙色桥，则红色桥消失，橙色桥开始向 Tera 提问。

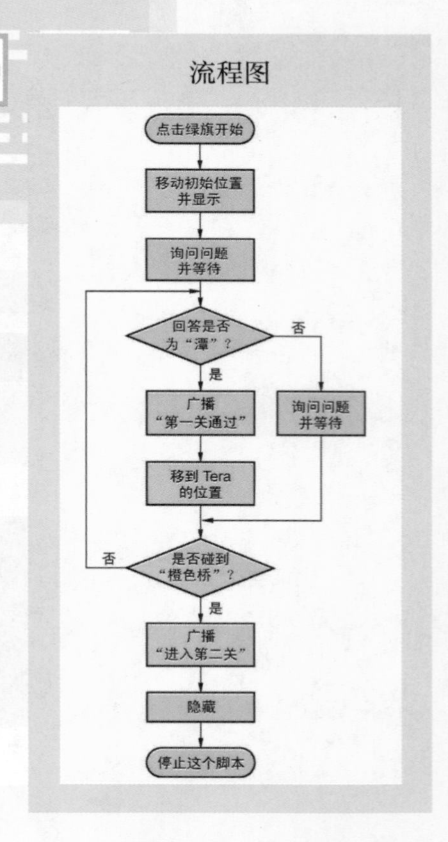

1. “红色桥”角色的流程分析

2. 搭建积木

步骤1：对"红色桥"角色编程，程序开始时，先让"红色桥"显示，并移动到舞台左上方初始位置。

步骤2：选择"侦测"模块中的 询问 桃花（）水深千尺 并等待 来提问，并等待回答。提问的内容为"桃花（）水深千尺"，正确答案为"潭"。

程序执行到 询问 桃花（）水深千尺 并等待 时，舞台下方会出现输入答案的文本框，输入回答内容后，单击文本框右侧的"对钩"或按键盘上的"回车"键，文本框中的答案就传递到"侦测"模块中的"回答"变量中。

步骤3：重复判断"回答"变量值是否等于"潭"，如果回答正确，广播"第一关通过"消息，同时将红色桥移动到（x：X-Tera，y：Y-Tera-40）位置，即可实现红色桥跟随Tera移动的效果；如果回答错误，则继续提问并等待，直到回答正确。

步骤4：橙色桥接收到"第一关通过"消息后显示出来。红色桥跟随Tera移动过程中如果碰到橙色桥则隐藏，并广播"进入第二关"消息，最后停止执行"红色桥"角色的当前脚本，

"红色桥"角色处在"Tera"角色的正下方，因此其y坐标要比"Y-Tera"变量小，两者的差值可根据实际情况调整。

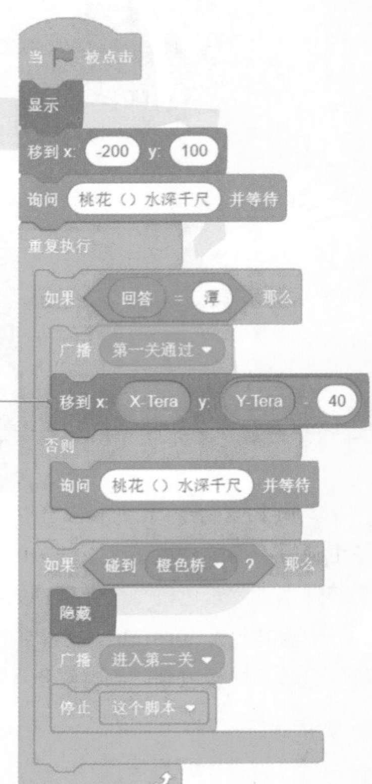
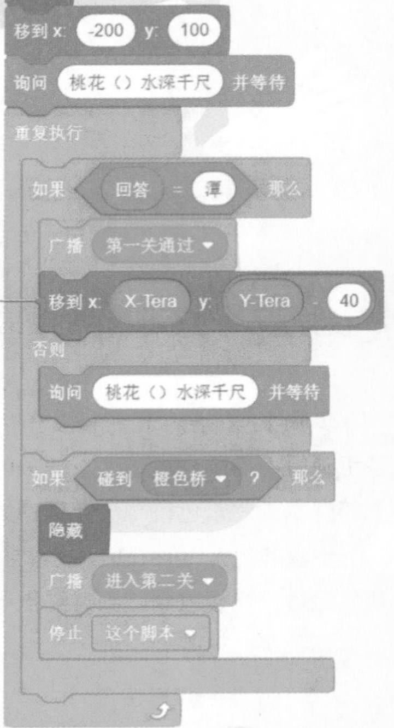

图8-9 "红色桥"角色的程序

任务四

除红色桥外，其余桥只有在上一个桥的提问被正确回答后才显示，且只有被上一个桥碰到后才开始提问；除紫色桥外，其余桥只有正确回答提问后才能跟随Tera移动，并在碰到下一个桥后消失。

程序如图 8-9 所示。

步骤 1：对“橙、黄、绿、青、蓝”5 个桥角色编程，程序开始时角色隐藏，只有接收到“上一关通过”的广播消息时才显示。

步骤 2：根据“红色桥”角色的程序，对“橙、黄、绿、青、蓝”5 个桥角色编程，除初始位置、提问内容及广播消息外，5 个桥角色的程序基本相同，其中，“橙色桥”角色的程序如图 8-10 所示。

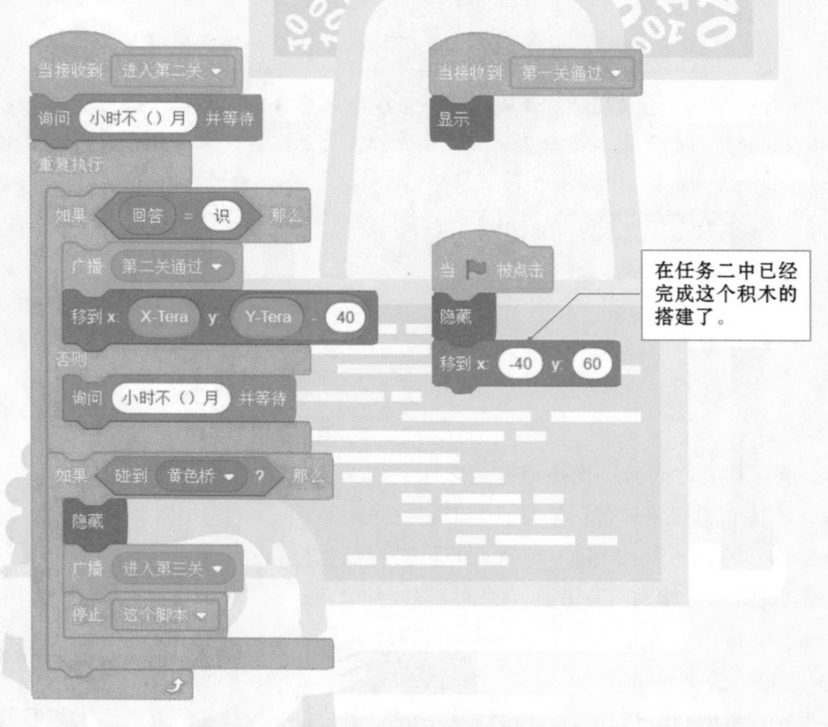

图8-10 “橙色桥”角色的程序

任务五 紫色桥的提问被正确回答后将会消失，然后李白出现。

步骤 1：根据“橙色桥”角色的程序，对“紫色桥”角色编程，紫色桥是最后一个桥，提问回答正确后不需要广播进入下一关的消息，而是隐藏并广播“到达终点”消息，并在等待 2 秒后停止全部脚本，“紫色桥”角色程序如图 8-11 所示。

步骤 2：从 Scratch 素材库中导入“李白”角色，并对“李白”角色编程。程序开始时“李白”角色隐藏，当接收到“到达终点”消息，李白出现并说话，程序如图 8-12 所示。

图8-11 “紫色桥”角色的程序

图8-12 “李白”角色的程序

8.5 任务拓展

我们可以通过这个游戏来进行比赛，请你在程序中增加一个计分功能，参赛选手每答对一次加10分，答错一次扣5分，参赛选手得分高于50分才能找到李白，效果如图8-13所示。

图8-13 任务拓展效果图

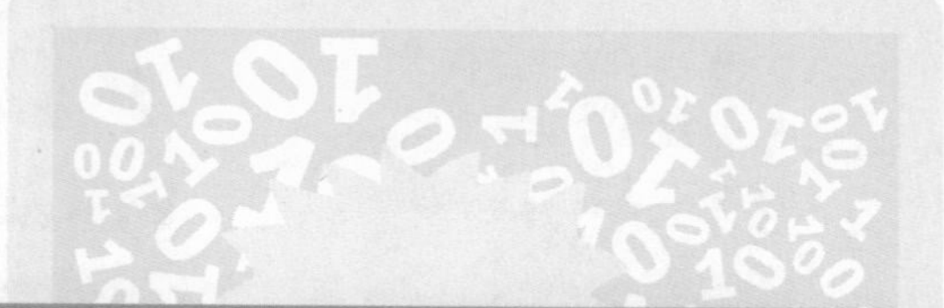

第 9 课 密码猜猜猜

9.1 任务背景

老师在课堂上和同学们玩猜密码的游戏，密码是 0~100 的一个随机数字。同学们每猜一个数字，老师都会给出这个数字与正确答案的大小关系，如果没有猜对，同学们会根据老师给出的提示信息继续猜，直到猜到正确答案为止。接下来，让我们一起来完成这个猜密码的游戏吧！

9.2 内容分析

程序运行效果如图 9-1 所示。

图9-1 程序运行效果

完成本项目任务需要背景“Chalkboard”及角色“Abby”（见图 9-2）。

图9-2 “Abby”角色

9.3　任务分解

任务一　导入背景与角色，新建变量，设置角色初始位置与变量初值。

任务二　游戏开始时，老师首先询问学生密码是多少，等学生通过键盘输入答案后，对答案进行以下判断：是否超出密码范围？是否比密码大？是否比密码小？是否答对？最后，依据判断结果给出相应的反馈，并记录学生回答的次数。

9.4　程序设计

任务一　导入背景与角色，新建变量，初始化角色位置与变量初值。

步骤 1：从 Scratch 背景库导入“Chalkboard”背景，从 Scratch 角色库导入“Abby”角色，调整“Abby”角色的大小与位置。

步骤 2：在“变量”模块中单击“新建一个变量”，分别新建“密码”“最大值”“最小值”“次数”这 4 个变量，变量的存储内容与初值如表 9-1 所示。

表 9-1　变量内容与初值

变量名	存储内容	初值
密码	0~100 的随机数	/
最大值	密码当前范围的最大值	100
最小值	密码当前范围的最小值	0
次数	学生猜测密码的次数	0

步骤 3：对“Abby”角色编程，依照表 9-1 设置各个变量的初始值，并设置各个变量显示或隐藏，程序如图 9-3 所示。

除了通过积木设置变量显示或隐藏，还可以在“变量”模块中勾选对应变量前的选择框进行设置，如图 9-4 所示。

图9-3　变量初始化

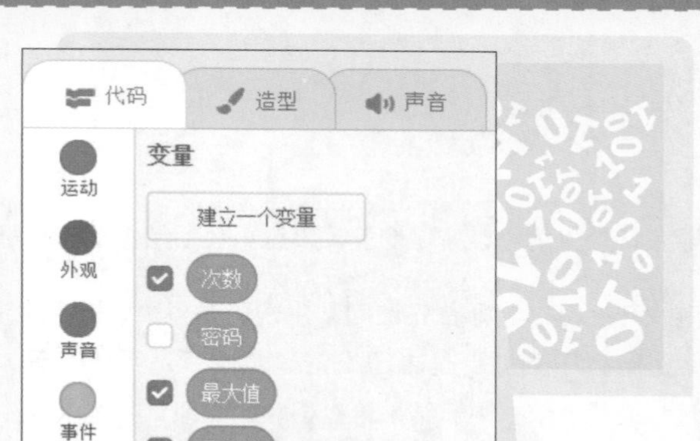

图9-4 变量显示与隐藏

步骤 4：调整变量的位置与显示方式。用鼠标右键单击变量，在弹出的菜单中包括“正常显示”“大字显示”“滑杆”3 种变量显示方式，将“次数”变量设置为“正常显示”，将“最大值”“最小值”变量设置为“大字显示”，如图 9-5 所示。除此之外，用鼠标左键双击变量也能够让变量在 3 种显示方式间循环切换。

图9-5 变量的3种显示方式

任务二 游戏开始时，老师首先询问学生密码是多少，等学生通过键盘输入答案后，对答案进行以下判断：是否超出密码范围？是否比密码大？是否比密码小？是否答对？最后，依据判断结果给出相应的反馈，并记录学生回答的次数。

密码是一个在0~100生成的随机数，假设其值为45。如果学生第一次回答为80，老师会给出提示："回答值比密码值要大"，学生则可以推断密码范围为0~80；如果学生第二次回答数值为15，老师会给出提示："回答值比密码值要小"，则可以进一步推断密码范围为15~80，依此类推，学生可以最终猜出正确的密码。

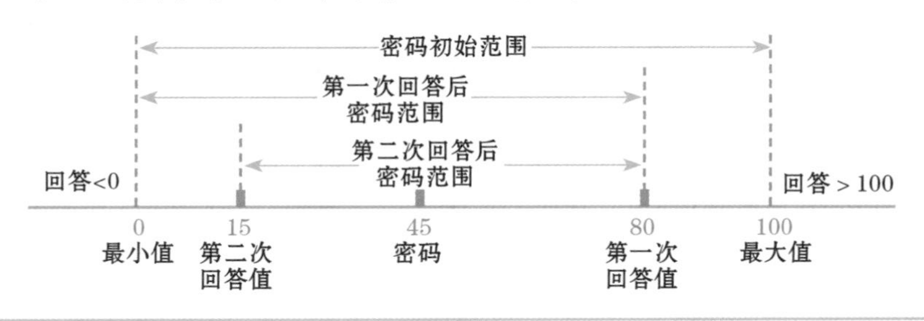

1. "Abby"角色的流程分析

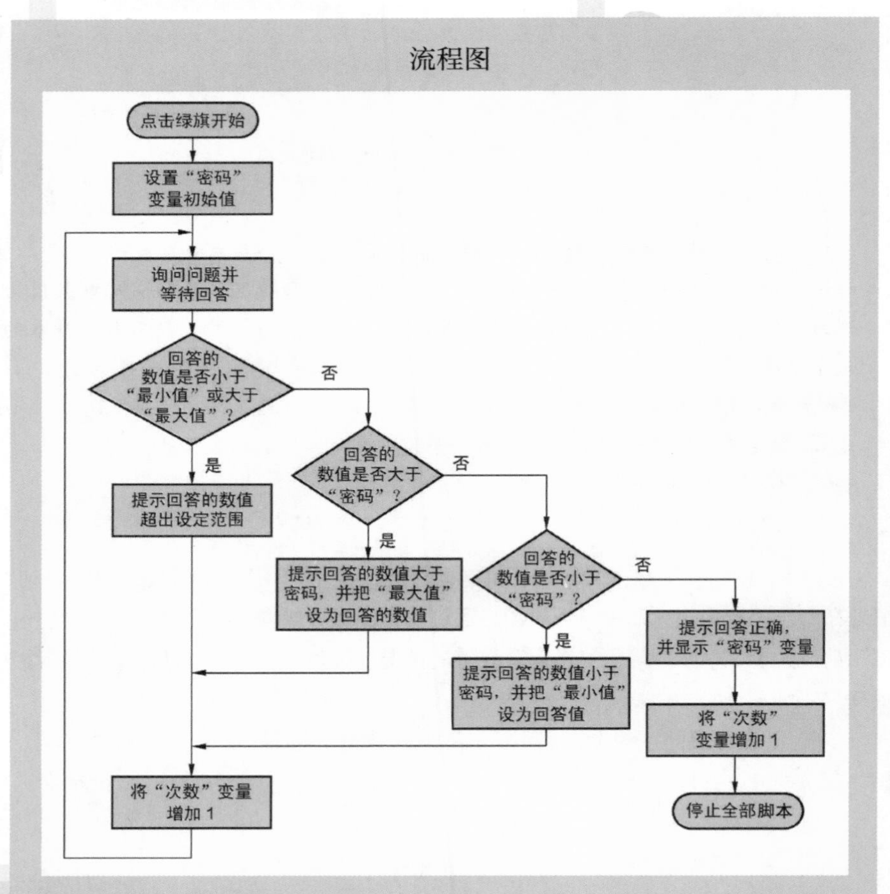

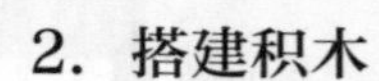

2. 搭建积木

步骤 1：对“Abby”角色编程，程序开始时，使用 在 1 和 100 之间取随机数 积木将“密码”变量设置为一个 1~100 的随机数。

步骤 2：询问问题并等待学生回答，如果“回答”的数值小于“最小值”或者大于“最大值”，则说：“你猜的数字不在范围内！”，并循环提问，程序如图 9-6 所示。

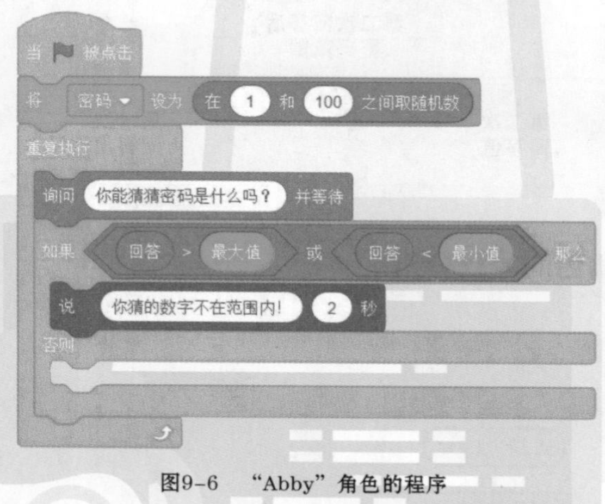

图9-6 “Abby”角色的程序

> “运算”模块中的 与 、 或 、 不成立 3 个积木分别表示“与”“或”“非”3 种逻辑运算。逻辑运算的值只有“真”与“假”两种情况，条件满足结果值为“真”，否则为“假”，我们把这种数值称为“布尔值”。在 Scratch 中，所有菱形积木的运算结果都是布尔值。
>
> 与 只有左右两个菱形框的值都为“真”时，运算结果才为“真”。
>
> 或 左右两个菱形框的值只要有一个为“真”，运算结果就为“真”。
>
> 不成立 菱形框内的值为“假”时，运算结果为“真”。

步骤 3：在图 9-6 所示程序中，如果 回答 > 最大值 或 回答 < 最小值 的运算结果为“假”，表示“回答”值处在密码范围内。参照程序流程图，通过嵌套使用“如果（ ）那么……否则……”积木，对“回答”数值大于、小于、等于“密码”数值的情况进行判断，并根据判断结果执行相应指令，程序如图 9-7 所示。

步骤 4：循环提问过程中，每回答一次，将“次数”变量增加 1，并且在“回答”正确时，显示“密码”变量的值，并停止全部脚本。

图9-7 “Abby”角色的程序

现在，整个程序就编写完成啦！让我们一起来玩猜密码的游戏吧。

9.5 任务拓展

大家一起玩猜密码游戏时，希望能比一比谁猜出密码用的时间最短。你能在这个游戏的基础上增加一个计时器，记录每次猜对密码的时间吗？效果如图9-8所示。

图9-8 任务拓展效果图

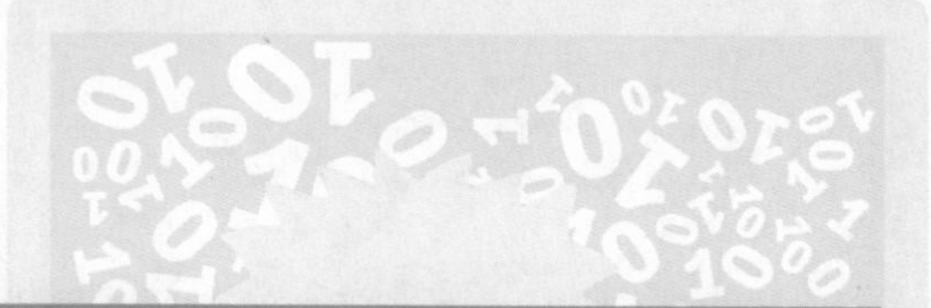

第 10 课　灭鼠行动

10.1　任务背景

有一群嚣张的地鼠，它们躲在农田的地洞里，不时从洞口探出脑袋来偷吃庄稼，这让辛勤劳动的农民伯伯束手无策。今天，就让我们一起来帮助农民伯伯消灭这些捣蛋的地鼠吧！

10.2　内容分析

程序运行效果如图 10-1 所示。

得分 5
地鼠随机出现在不同的洞口，又很快躲进洞里。
鼠标可以控制锤子移动，单击鼠标左键，锤子击打一次。
地鼠被锤子打中后会改变颜色，且得分加1。

图10-1 程序运行效果

完成本项目任务需要“农场”背景、“地鼠”角色和“锤子”角色（见图 10-2、图 10-3）。

图10-2　“地鼠”角色　　图10-3　“锤子”角色

10.3　任务分解

任务一　地鼠在 12 个洞口随机出现，然后隐藏，间隔一定时间后再出现在下一个洞口，如此循环。

任务二　鼠标控制锤子移动，单击鼠标左键则锤子击打一次。

任务三　地鼠如果被锤子击中，则改变颜色，并且发出声音，得分增加 1。

10.4　程序设计

任务一　地鼠在 12 个洞口随机出现，然后隐藏，间隔一定时间后再出现在下一个洞口，如此循环。

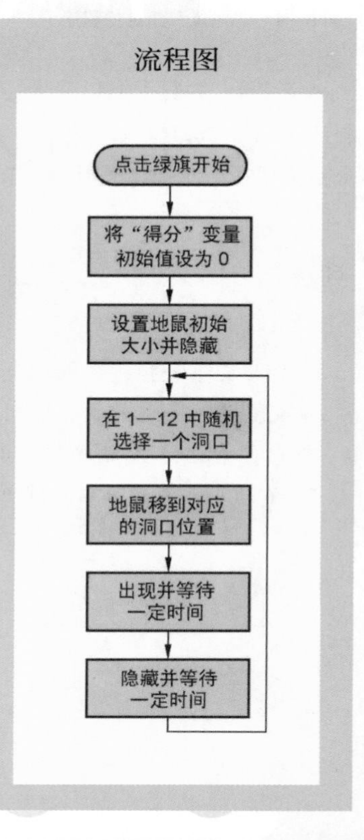
流程图
点击绿旗开始
将“得分”变量初始值设为 0
设置地鼠初始大小并隐藏
在 1—12 中随机选择一个洞口
地鼠移到对应的洞口位置
出现并等待一定时间
隐藏并等待一定时间

1.　“地鼠”角色的流程分析

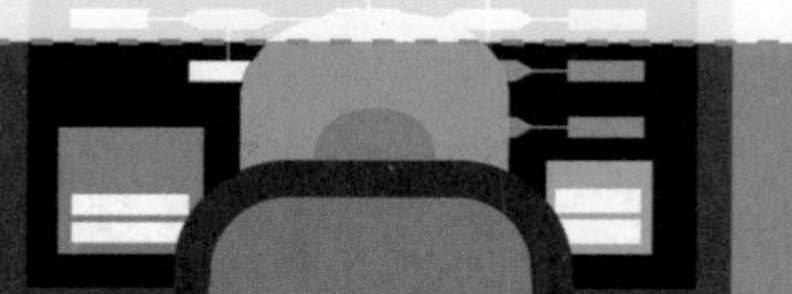

2. 搭建积木

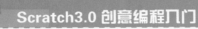

步骤 1：从素材库中导入“农场”背景、“地鼠”角色和“锤子”角色。

步骤 2：对“地鼠”角色编程，新建“得分”变量，设置“得分”变量初始值为 0，设置“地鼠”角色大小为 40 并将其隐藏，程序如图 10-4 所示。

步骤 3：为农场中的 12 个洞口编号，如图 10-5 所示。同时，新建“洞口编号”变量来存放编号。

```
当 ⚑ 被点击
将 得分 ▾ 设为 0
将大小设为 40
隐藏
```

图10-4 “地鼠”角色的程序

图10-5 “地鼠”角色和“洞口编号”

步骤 4：为每个洞口编号之后，我们需要知道每个洞口的具体坐标，以便地鼠能准确地移动到洞口。12 个洞口位置一共需要 12 个 x 坐标变量与 12 个 y 坐标变量。那么，我们是否需要建立 24 个变量呢？下面就需要用到这节课新学的知识——列表。

列表

与变量一样，列表也是一个存储空间，如果说变量是一个储物盒，那列表就是一个储物柜，柜内包含若干按顺序编号排列的储物格，如图 10-6 所示。我们可以对储物柜内的储物格进行增加、删除等操作。

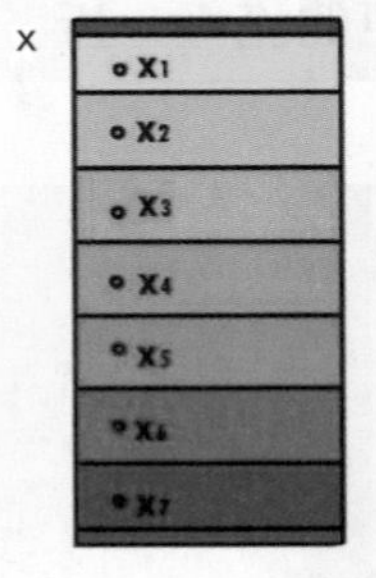

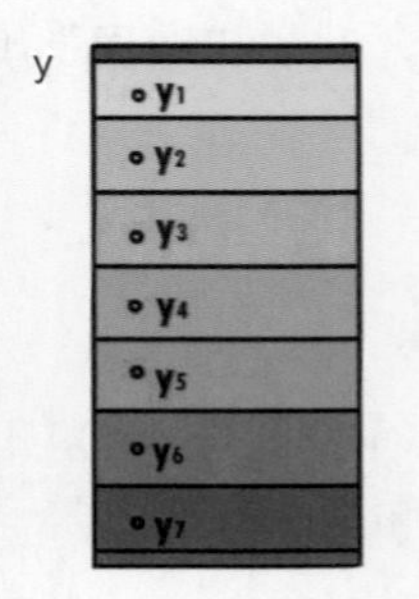

图10-6 “列表”示意图

步骤 5：在“变量”模块中单击“新建一个列表”，分别新建“X”“Y”两个列表，并勾选列表名前面的复选框，可以在舞台中看到如图 10-7 所示列表。单击列表左下方的“+”号，为“X”“Y”两个列表分别添加 12 个项目，按照图 10-5 所示的洞口编号将每个洞口位置的坐标值填入对应的列表项目。

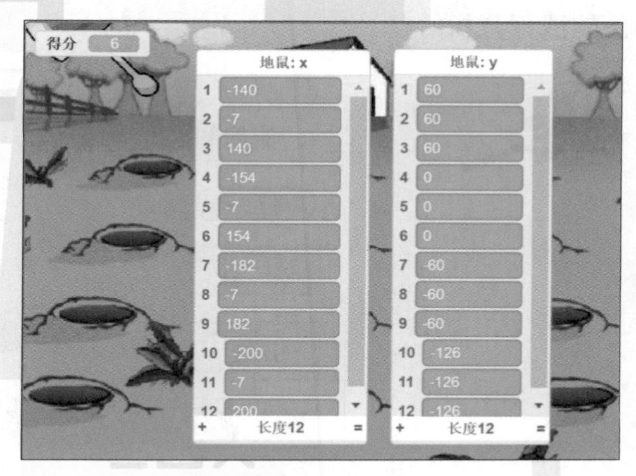

图10-7　洞口位置坐标列表

步骤 6：继续对“地鼠”角色编程。首先将“洞口编号”变量设置为一个 1~12 的随机数，再将“地鼠”角色移动到这个随机洞口位置。x▼ 的第 1 项 积木表示“X”列表第 1 项的值，即编号为 1 的洞口的 x 坐标。因此，通过 移到x: x▼ 的第 洞口编号 项 y: y▼ 的第 洞口编号 项 积木可以让“地鼠”角色移动到对应编号的洞口位置。

步骤 7：让“地鼠”角色先出现一段时间，然后再隐藏一段时间，如此循环，即可实现“地鼠”角色在不同洞口随机出现的效果，程序如图 10-8 所示。

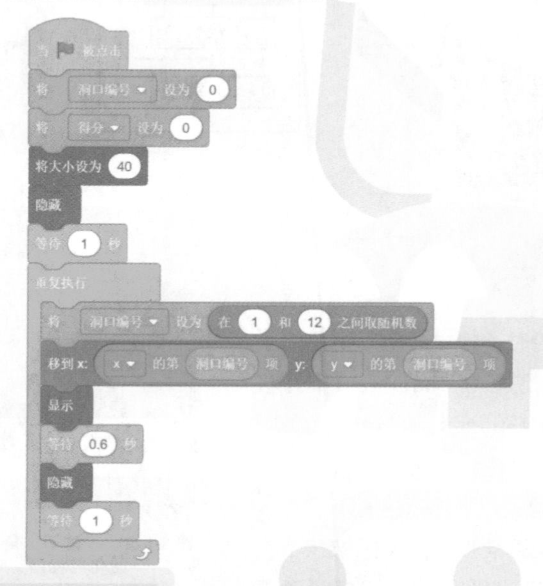

图 10-8　“地鼠”角色的程序

任务二　鼠标控制锤子移动，单击鼠标左键则锤子击打一次。

1. “锤子”角色的流程分析

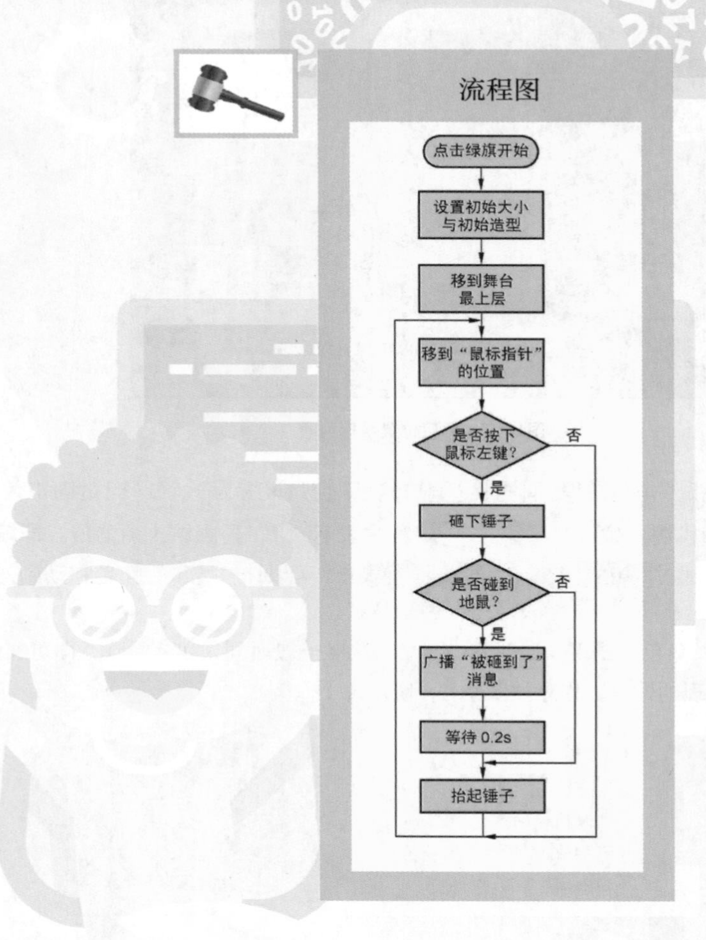
流程图
点击绿旗开始
设置初始大小
与初始造型
移到舞台
最上层
移到“鼠标指针”
的位置
是否按下
鼠标左键？
否
是
砸下锤子
是否碰到
地鼠？
否
是
广播“被砸到了”
消息
等待 0.2s
抬起锤子

2. 搭建积木

步骤 1：当程序开始时，将“锤子”角色缩小到适当大小，设定初始造型为“hammer1”并移到舞台的最上层，如图 10-9 所示。

当 被点击
将大小设为 60
换成 hammer1 造型
移到最 前面
锤子移到舞台最前面，不被其他角色遮挡。

图 10-9　“锤子”角色初始化的程序

步骤 2：重复执行 移到 鼠标指针 积木，“锤子”角色能够跟随鼠标指针移动。

步骤 3：判断鼠标是否被按下，如果被按下，首先切换到“hammer2”造型，显示出锤子落下

的效果；然后判断“锤子”角色是否碰到“地鼠”角色，如果碰到则广播“被砸到了”消息；最后等待0.2秒并切换回“hammer1”造型，显示出锤子抬起的效果。

步骤4：重复执行步骤2和步骤3对应的指令，最终程序如图10-10所示。

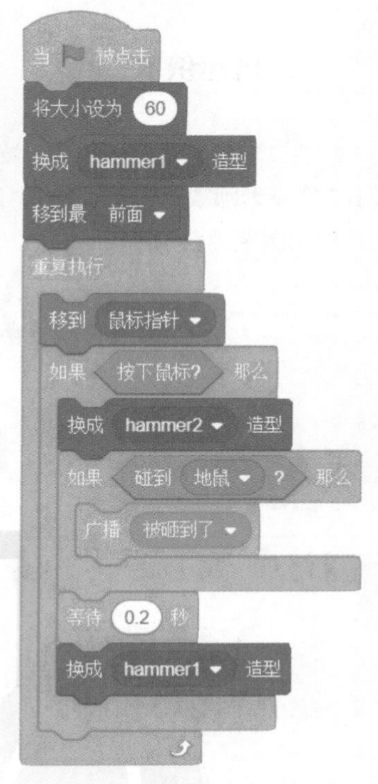

图10-10 “锤子”角色的程序

任务三 地鼠如果被锤子击中，则改变颜色，并且发出声音，得分增加1。

1. “地鼠”角色的流程分析

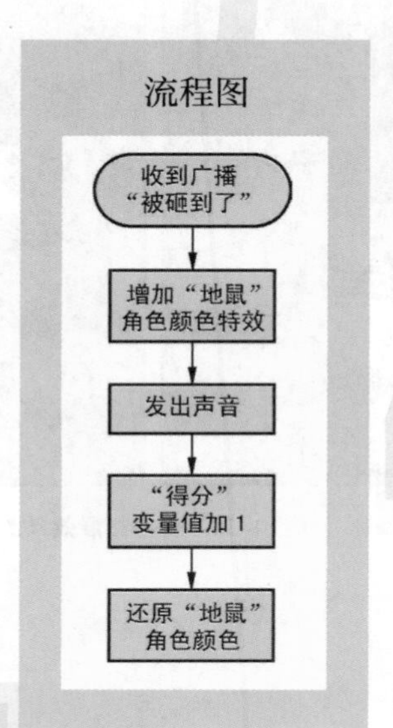

2. 搭建积木

当“地鼠”角色接收到“被砸到了”消息，首先将颜色特效增加 25，并演奏音符；然后将“得分”变量增加 1；最后，将“地鼠”角色的颜色特效增加 -25（减少 25）并还原“地鼠”角色的颜色，程序如图 10-11 所示。

图 10-11 “地鼠”角色的程序

10.5 任务拓展

谢谢你们帮助农民伯伯赶走了地鼠，但是我们刚刚只是用锤子打中了地鼠，并没有抓住地鼠。现在，农民伯伯决定亲自到农田里来抓地鼠。请同学们思考一下，如何在已有程序基础上，结合本课所学知识，让农民伯伯随机出现在 12 洞口旁边，一旦碰见地鼠，就把地鼠消灭掉。效果如图 10-12 所示。

图10-12 任务拓展效果图

第 11 课　荒岛逃生

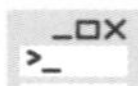

11.1　任务背景

一个商人出海经商，在大海上遇到了风暴，他的船被巨浪冲到了一个荒岛上，船上的物品散落在荒岛的各个角落，商人必须找到 6 件重要物品，才能逃离荒岛。你能够帮助商人顺利找齐物品并逃离荒岛吗?

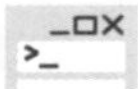

11.2　内容分析

程序运行效果如图 11-1 所示。

图11-1 程序运行效果

完成本项目任务需要“荒岛”背景、“商人”角色、6 个“气球”角色和“船只”角色（见图 11-2~ 图 11-4）。

图11-2 “商人”角色

图11-3 “气球”角色

图11-4 “船只”角色

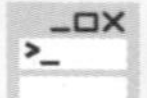

11.3 任务分解

任务一	导入“荒岛”背景、“商人”角色、6个“气球”角色和“船只”角色，并用6个“气球”对应标记6件物品在荒岛上的位置。
任务二	设置“商人”角色的初始状态，然后询问第1个问题并等待回答。如果回答错误，给出提示信息并再次询问，直到回答正确；如果回答正确，商人移动到第1个气球位置，找到第1件物品，并继续询问下一个问题，直到找到第6件物品。
任务三	商人每次碰到一个气球后，该气球消失，代表寻获一件物品。
任务四	商人找齐6件物品后，船只变大，商人可以乘坐船只逃离荒岛，游戏结束。

11.4 程序设计

任务一 导入“荒岛”背景、“商人”角色、6个“气球”角色和“船只”角色，并用6个“气球”对应标记6件物品在荒岛上的位置。

从素材库中导入“荒岛”背景和“船只”角色，从Scratch角色库中导入“商人”角色和“气球”角色，并另外复制5个“气球”角色，在造型编辑区中使用文本编辑工具**T**分别为6个“气球”角色添加“1~6”编号。根据图11-5所示调整各个角色的大小和位置，并对角色进行重命名。

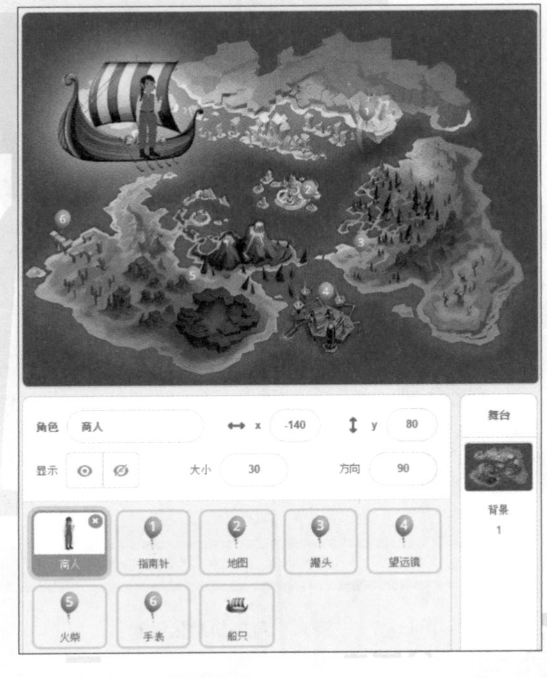

图11-5 设置背景与角色

任务二

设置“商人”角色的初始状态，然后询问第 1 个问题并等待回答。如果回答错误，给出提示信息并再次询问，直到回答正确；如果回答正确，商人移动到第 1 个气球位置，找到第 1 件物品，并继续询问下一个问题，直到找到第 6 件物品。

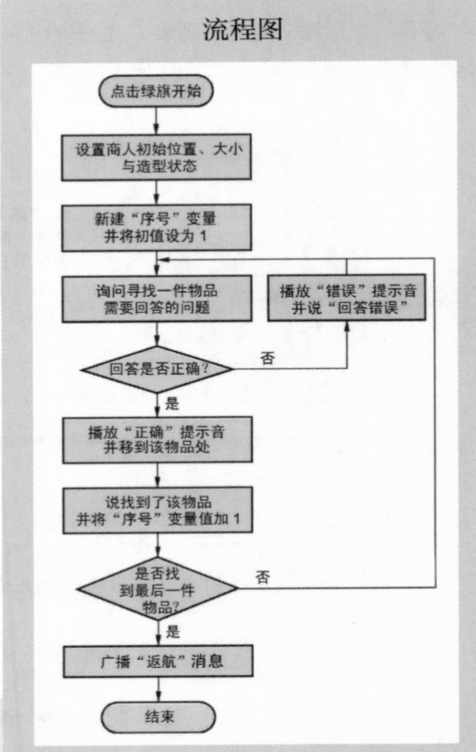

1. “商人”角色的流程分析

2. 搭建积木

步骤 1：对“商人”角色编程，首先，将“商人”角色移动到初始位置，调整角色大小并切换成“elf-c”造型。然后，商人说“根据线索，帮助商人尽快寻回 6 件重要物品，逃离荒岛！”3 秒，程序如图 11-6 所示。

当 🏳 被点击
显示
换成 elf-c ▾ 造型
移到 x: -140 y: 80
将大小设为 30
说 根据线索，帮助商人尽快寻回6件重要物品，逃离荒岛！ 3 秒

图11-6 “商人”角色初始化设置

步骤 2：新建“序号”变量，该变量用来存储商人要寻找的物品序号。将“序号”变量的初始值设为 1，并隐藏变量。

步骤 3：新建“问题”列表，在列表中添加 6 个问题内容。然后，通过“重复执行”积木依次对列表中的 6 个问题进行提问，程序如图 11-7 所示。

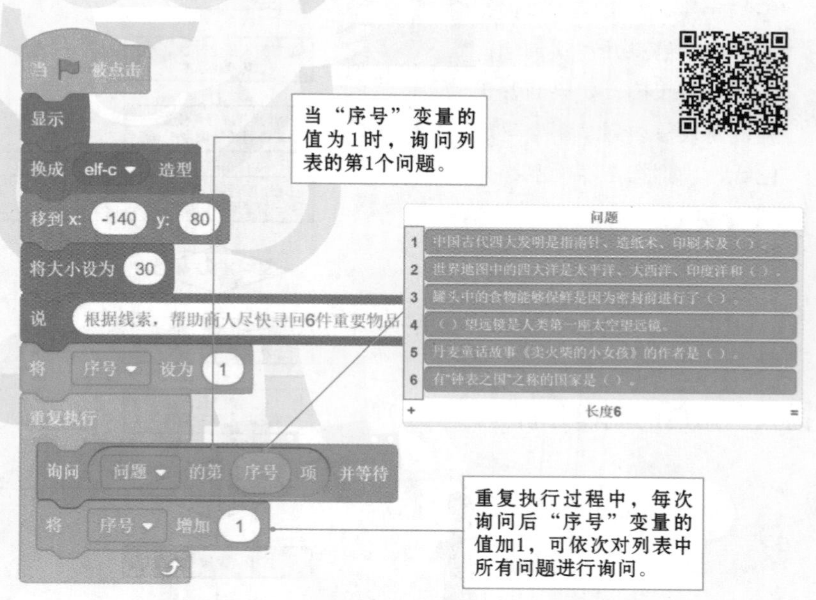
当 被点击
显示
换成 elf-c 造型
移到 x: -140 y: 80
将大小设为 30
说 根据线索，帮助商人尽快寻回6件重要物品
将 序号 设为 1
重复执行
询问 问题 的第 序号 项 并等待
将 序号 增加 1
当“序号”变量的值为1时，询问列表的第1个问题。
问题
1 中国古代四大发明是指南针、造纸术、印刷术及（）。
2 世界地图中的四大洋是太平洋、大西洋、印度洋和（）。
3 罐头中的食物能够保鲜是因为密封前进行了（）。
4 （）望远镜是人类第一座太空望远镜。
5 丹麦童话故事《卖火柴的小女孩》的作者是（）。
6 有"钟表之国"之称的国家是（）。
长度6
重复执行过程中，每次询问后“序号”变量的值加1，可依次对列表中所有问题进行询问。

图11-7 依次对“问题”列表中的问题进行询问

步骤 4：新建如图 11-8 所示的“答案”列表，在“答案”列表中添加与“问题”列表对应的 6 个答案。在重复询问的过程中，利用 回答 = 答案 的第 序号 项 可以判断对应问题的回答是否正确。

步骤 5：新建如图 11-9 所示的“物品”列表，在“物品”列表中添加正确回答问题后对应找到的 6 件物品，同时这也对应 6 个气球的角色名。

图11-8 “答案”列表　　图11-9 “物品”列表

步骤 6：判断对问题的回答是否正确，如果回答正确，播放正确提示音，商人移动到对应的气球位置，并说找到了该物品，然后进行下一个提问；如果回答错误，播放错误提示音，商人说“回答错误”并继续提问直到回答正确，程序如图 11-10 所示。

步骤 7：在循环询问过程中，每答对一个问题，“序号”变量的值增加 1，当答对第 6 个问题后，“序号”变量的值变为 7，表示商人找到了第 6 件物品，此时需要终止循环询问。因此，在每次回答正确并对“序号”变量的值加 1 后，还需再判断条件 序号 = 7 是否成立，如果该条件成立，则终止循环询问，最终程序如图 11-10 所示。

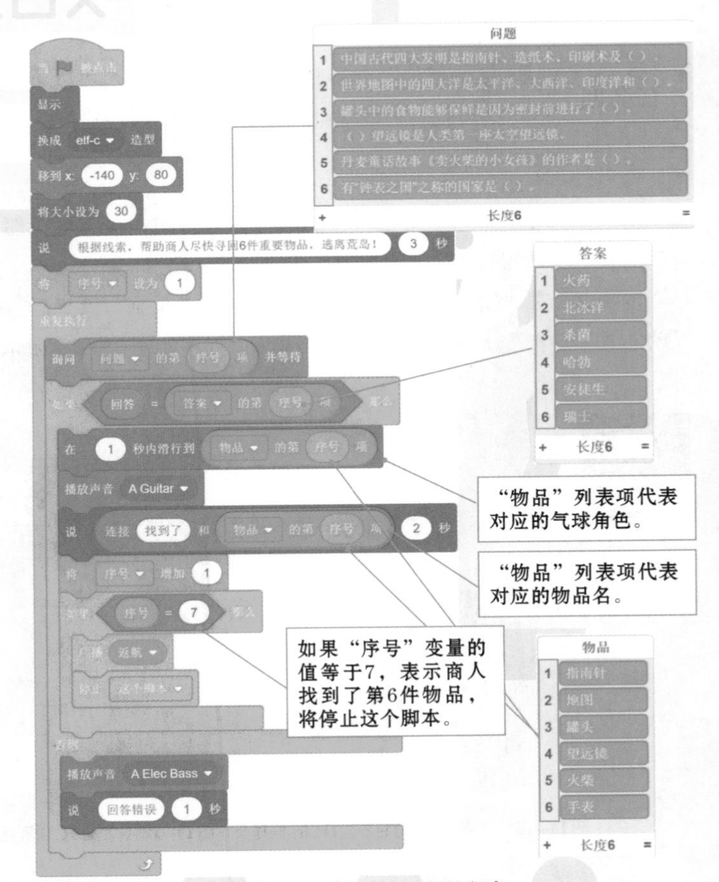

图11-10 “商人”角色的程序

在图 11-10 所示的程序的重复执行过程中，商人每次说“找到了”的物品都不相同，因此使用（连接 和 ）积木将“找到了”与（物品 的第 序号 项）对应的物品名连接起来。这样，每次提问的“问题”、回答的“答案”、商人移动的位置及找到的“物品”都能够根据“序号”变量的值进行对应。

任务三 商人每次碰到一个气球后，该气球消失，代表寻获一件物品。

“运算”模块中有 4 个对字符进行处理的积木，包括字符间的连接、提取字符、统计字符数、判断是否包含某字符。

积木	运算结果
连接 apple 和 banana	applebanana
apple 的第 1 个字符	a
apple 的字符数	5
apple 包含 a ?	真

对“气球”角色进行编程，6 个“气球”角色的程序完全相同。气球在游戏开始时显示，当商人碰到气球后则气球消失，表示该气球对应的物品被商人找到，“气球”角色程序如图 11-11 所示。

任务四 商人找齐 6 件物品后，船只变大，商人可以乘坐船只逃离荒岛，游戏结束。

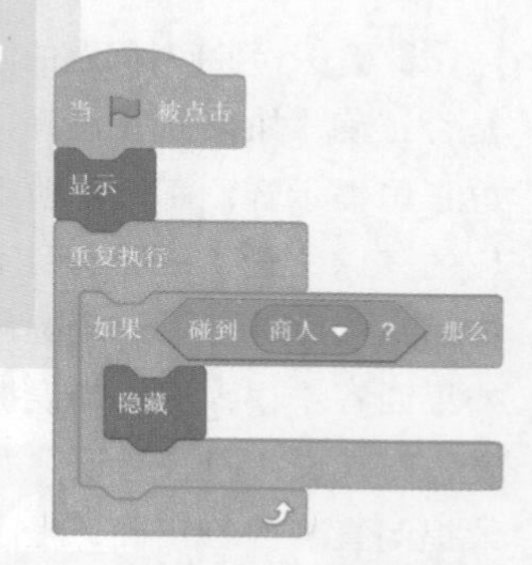

图11-11 “气球”角色的程序

步骤 1：对“船只”角色编程，当程序开始时，需要对“船只”角色的大小与位置进行初始化设置，程序如图 11-12 所示。

步骤 2：对“船只”角色编程，当接收到“返航”消息后，船只以动态效果逐渐变大并移动到舞台最前面，程序如图 11-13 所示。

图11-12 “船只”角色初始化的程序

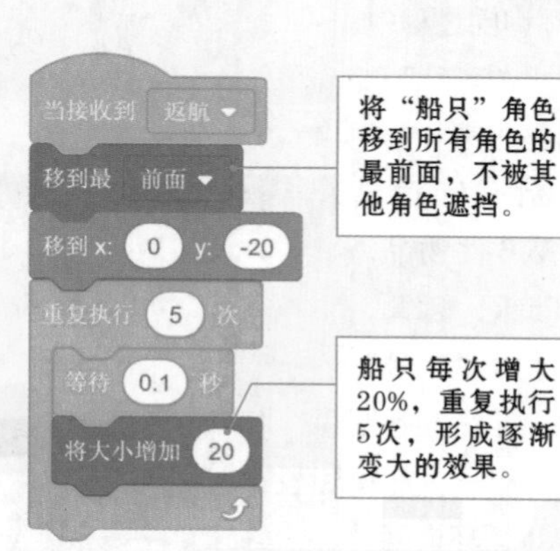

图11-13 “船只”角色的程序

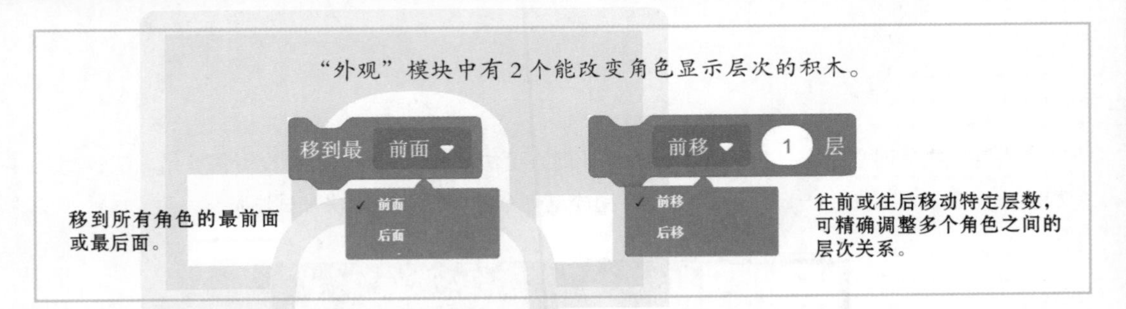

“外观”模块中有 2 个能改变角色显示层次的积木。
移到最 前面
前面
后面
前移 1 层
前移
后移
移到所有角色的最前面或最后面。
往前或往后移动特定层数，可精确调整多个角色之间的层次关系。

步骤 3：对“商人”角色编程，当接收到“返航”消息后，“商人”角色移到“船只”角色的前面，并调整角色造型、位置与大小，然后说“找齐了 6 件物品，终于可以逃离荒岛了！”，程序如图 11-14 所示。

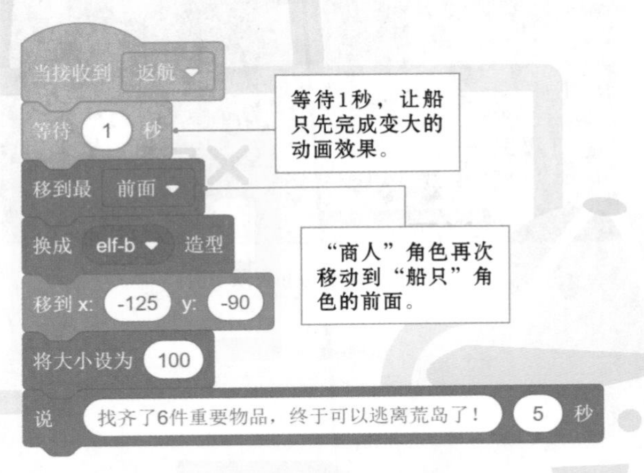

图11-14 商人“返航”的程序

到此任务全部结束，最终效果如图 11-15 所示。

图11-15　程序结束效果

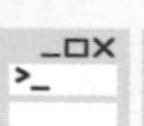

11.5 任务拓展

商人寻找物品时总是容易忘记答案，为了让商人更快地逃离荒岛，可以设置每答错 3 次，商人会想起一些线索，如图 11-16 所示。要怎样完成这一个扩展任务呢？快来试试吧！

图11-16 任务拓展效果图

第 12 课　指法练习

12.1　任务背景

经常有同学问：“怎样才能更快地掌握指法和提高打字的速度呢？”今天，我们就一起来制作一个消除字母的指法练习游戏，通过这个游戏来提高我们的打字速度。

12.2　内容分析

程序运行效果如图 12-1 所示。

字母从上往下掉落，按下键盘中对应的字母键，能让下落的字母消失。
H
K
字母掉落到底部后消失。

图12-1　程序运行效果

完成本项目需要“雪地”背景和“字母”角色，“字母”角色包含 26 个大写英文字母造型（见图 12-2）。

图12-2 “字母”角色的造型

12.3 任务分解

任务一	字母以随机造型在舞台顶端水平方向的随机位置出现，然后开始垂直下落，落到舞台底部时消失。
任务二	字母下落过程中，如果按下键盘上对应的字母键，则字母消失。
任务三	每隔一定时间，不同造型的字母重复出现并下落。
任务四	利用自制积木优化程序。

12.4 程序设计

任务一 字母以随机造型在舞台顶端水平方向的随机位置出现，然后开始垂直下落，落到舞台底部时消失。

1. “字母”角色的流程分析

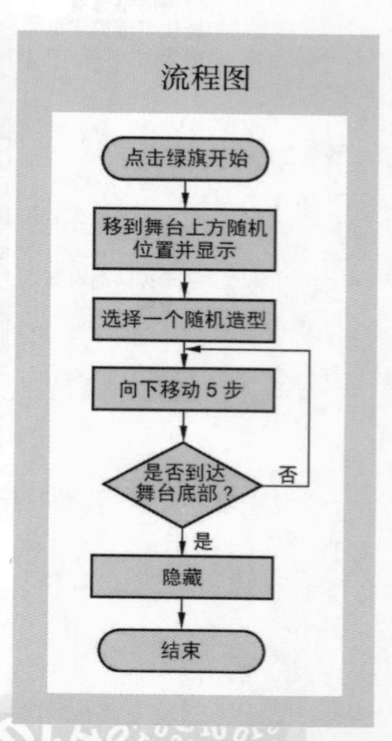
流程图
点击绿旗开始
移到舞台上方随机位置并显示
选择一个随机造型
向下移动 5 步
是否到达舞台底部？
否
是
隐藏
结束

2. 搭建积木

步骤 1：从素材库中导入“雪地”背景图，从 Scratch 角色库导入“Glow-A”角色，将角色名改为“字母”，然后选择“造型”选项卡，导入“Glow-B”“Glow-C”……“Glow-Z”共 25 个字母作为“字母”角色的其他造型。

步骤 2：对“字母”角色编程，当程序开始时，“字母”角色由隐藏状态变为显示效果，并移动到舞台顶部的初始位置，初始位置的 y 坐标为 150，x 坐标为 −160~160 的随机数。

步骤 3：随机选择“字母”角色的 26 个造型，如图 12-3 所示。

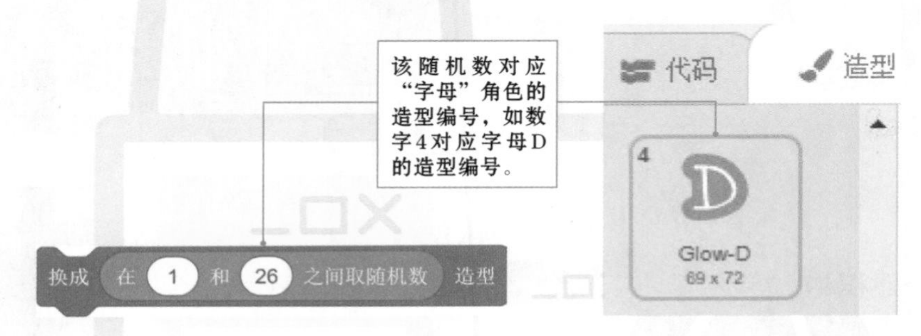

图12-3 随机选择“字母”角色造型

步骤 4：通过重复执行 y 坐标值增加 −5（减 5），让“字母”角色从舞台顶部垂直下落，当“字母”角色下落到舞台底部位置（即 y 坐标小于 −160）时隐藏，程序如图 12-4 所示。

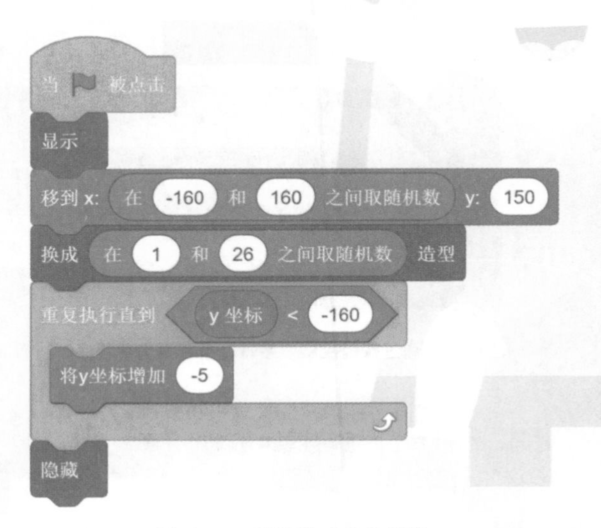

图12-4 “字母”角色的程序

任务二 字母下落过程中，如果按下键盘上对应的字母键，则字母消失。

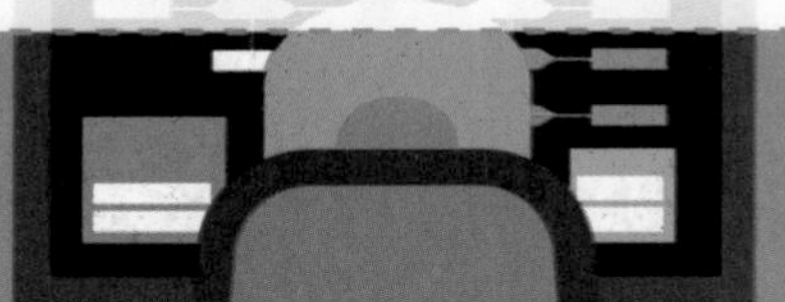

1. “字母”角色的流程分析

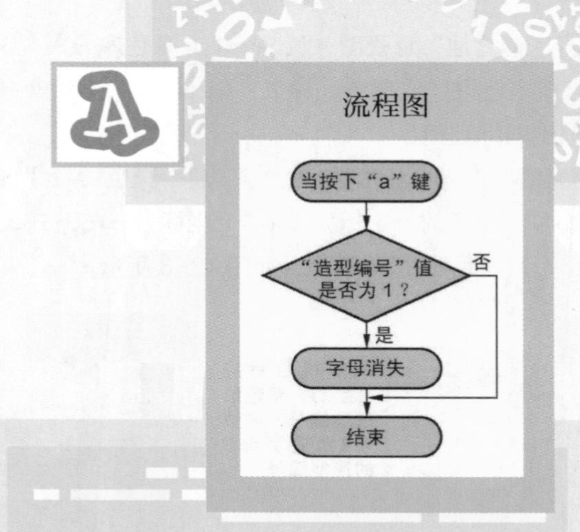
流程图
当按下“a”键
“造型编号”值是否为 1？
否
是
字母消失
结束

2. 搭建积木

当“字母”角色以随机造型（26 个字母中任意一个）出现在舞台中时，如果按下键盘上相对应的字母按键，则“字母”角色消失。例如，当随机选择的造型编号为 1（即“A”字母造型）时，如果按下键盘上的 a 键，则“字母”角色消失，程序如图 12-5 所示。依照该程序可编写其余 25 个按键对应的程序。

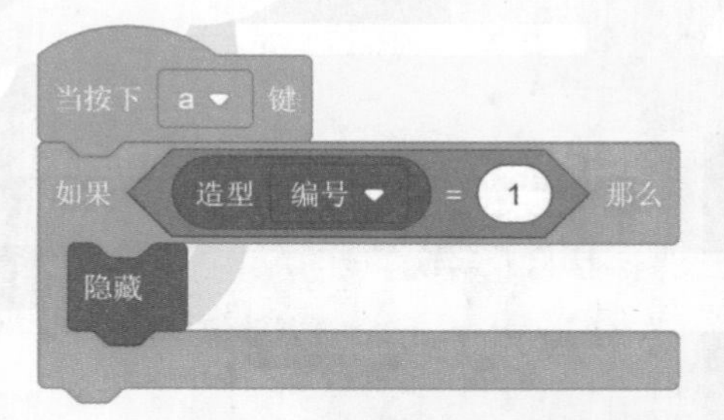
当按下 a 键
如果 造型 编号 = 1 那么
隐藏

图12-5　通过按键控制“字母”角色消失的程序

任务三　每隔一定时间，不同造型的字母重复出现并下落。

要实现字母的重复出现与下落，可以通过重复执行图 12-4 所示程序实现，如图 12-6 所示。

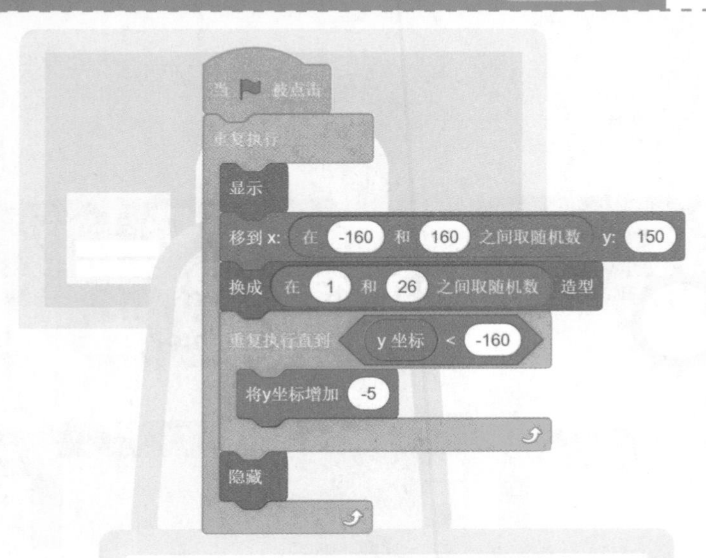

图12-6　字母重复出现的程序

运行图 12-6 所示的程序，我们发现舞台上不能同时出现两个及以上的字母，只有上一个字母消失后，下一个字母才会出现，这限制了游戏的难度和趣味性。

因此，我们使用克隆自己积木对字母进行克隆，每个克隆字母都能够独立运行相同的程序，并且相互之间不会冲突、干扰，从而可以实现多个字母同时出现在舞台中的效果。

步骤 1：对“字母”角色编程，程序开始时，字母隐藏，然后每隔 2 秒重复克隆“字母”角色，程序如图 12-7 所示。

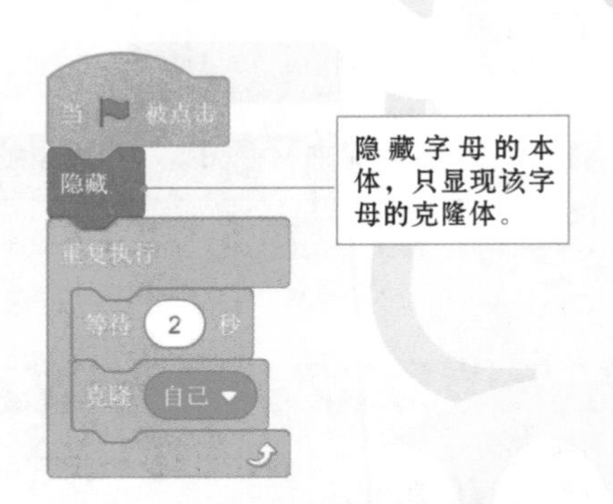

图12-7　克隆“字母”角色的程序

步骤 2：编写字母克隆体的程序。克隆体程序不通过点击绿旗开始执行，而是在角色被克隆后从当作为克隆体启动时积木开始执行。克隆体程序执行完毕后，通过删除此克隆体积木结束克隆体程序。如图 12-8 所示，在任务一与任务二程序的基础上进行简单修改，即可实现克隆体的程序。

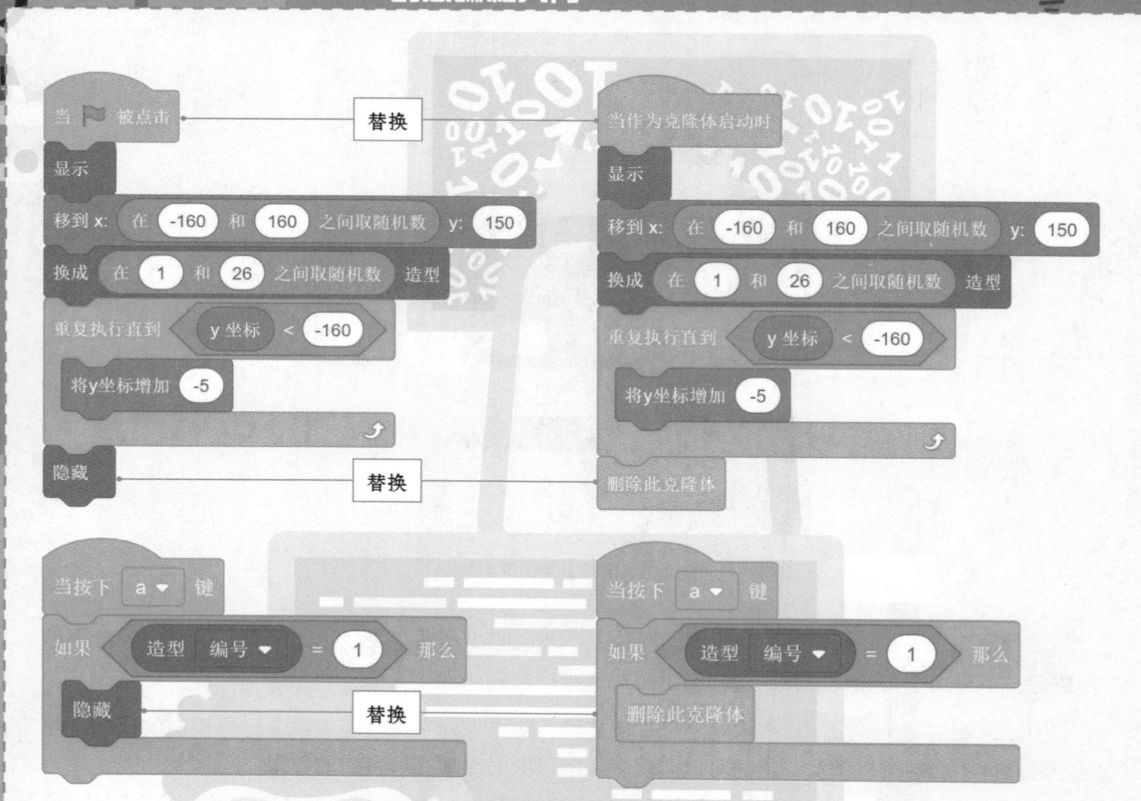

图12-8 “克隆体”的程序

现在，整个游戏程序就全部编写完成了。

想一想 “克隆”就是复制自己，第 7 课中的“图章”积木也能够复制自己，那么它们是一样的吗？有什么不同呢？表 12-1 会告诉你答案。

表 12-1 克隆与图章辨析

克隆	图章
克隆体将“继承”本体角色的所有属性。 本体与克隆体相互独立，通过“当作为克隆体启动时”积木，可以对克隆体进行独立编程控制	将角色造型“复印”在舞台上，得到一个固定的图案，且不能对该图案进行编程控制

任务四 利用自制积木优化程序。

为了实现任务二，我们需要参照图 12-5 编写 26 段程序，而在任务三中，又需要逐一对 26 段程序进行修改，编程效率十分低。因此，我们用 Scratch 3.0 自制积木替代图 12-5 的程序，以进

一步优化程序。

步骤1：选择“自制积木”模块，单击“制作新的积木”按钮，弹出图12-9所示对话框。

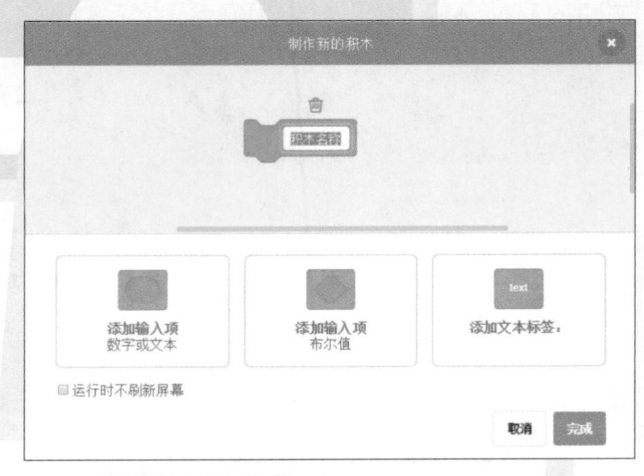

图12-9 “制作新的积木”对话框

步骤2：单击图12-9中的“添加输入项”“添加文本标签”等按钮，制作一个新的积木，如图12-10所示。

图12-10 自制积木

步骤3：返回“代码”编辑区，在积木后开始搭建积木，实现自制积木的具体功能，如图12-11所示。

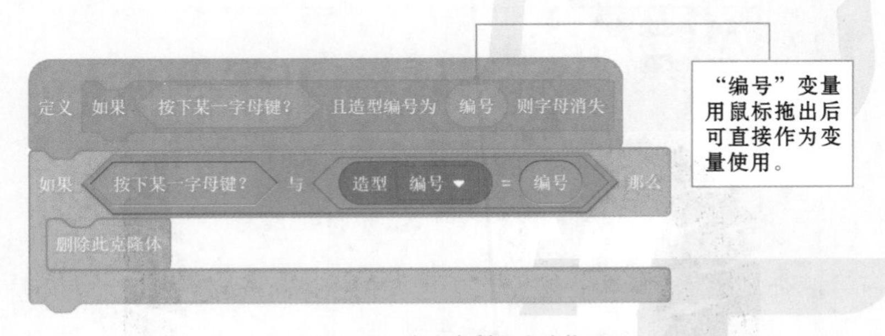

图12-11 定义自制积木功能

步骤4：定义新积木功能的程序编写完成后，即可使用“自制积木”模块中的积木进行编程。最终完成的程序如图12-12所示，使用该段程序可以替换任务二中编写的26段程序，使整个程序更加简洁。

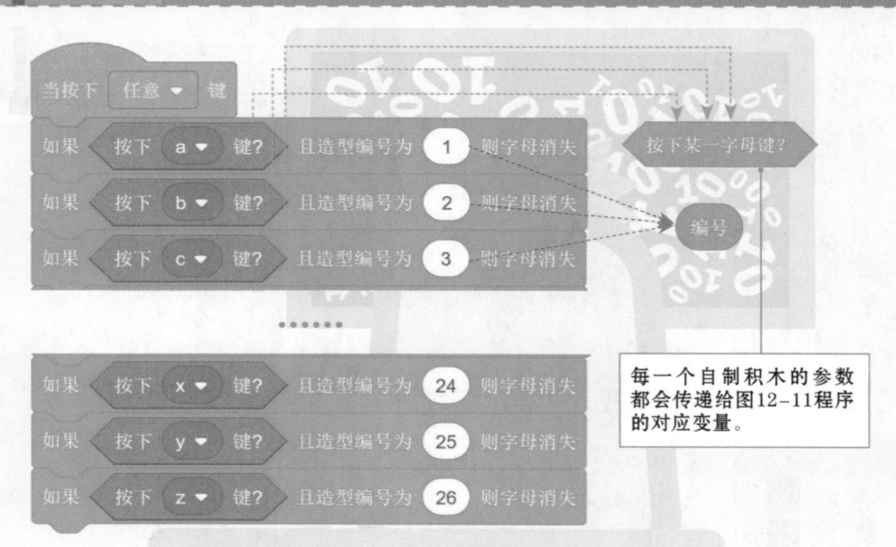

图12-12　利用自制积木编写程序

在图 12-12 所示的程序中，每一个自制积木都相当于图 12-11 所示的程序，自制积木的变量值也会传递给图 12-11 所示程序中的对应变量。当需要对自制积木的功能进行修改时，只需要对图 12-11 所示的程序进行修改即可，从而提升编程效率。

12.5　任务拓展

我们完成了指法练习游戏，但有的同学打字速度很快，觉得游戏没有挑战性。请你为游戏增加一个计分功能，并在达到一定分值后，加快字母克隆自己的速度和下落的速度，使游戏的难度不断增加，效果如图 12-13 所示。

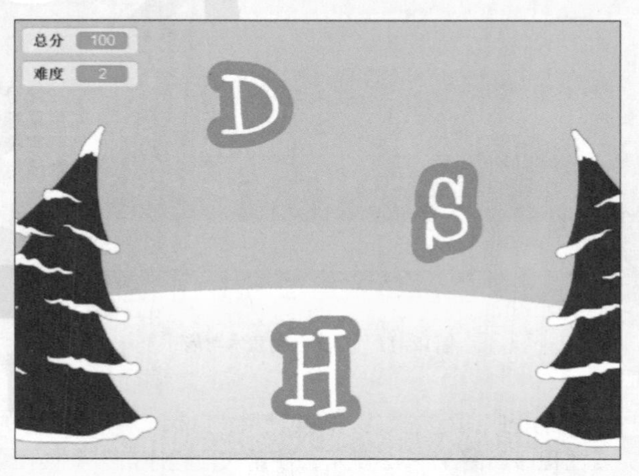

图12-13　任务拓展效果图

第 13 课　小蝴蝶历险记

13.1　任务背景

探险家小蝴蝶喜欢到世界各地探险。在探险过程中，小蝴蝶需要躲避各种障碍物，并不断获取能量石来增强自己的生命力。接下来，让我们跟随小蝴蝶一起去探险吧！

13.2　内容分析

程序运行效果如图 13-1 所示。

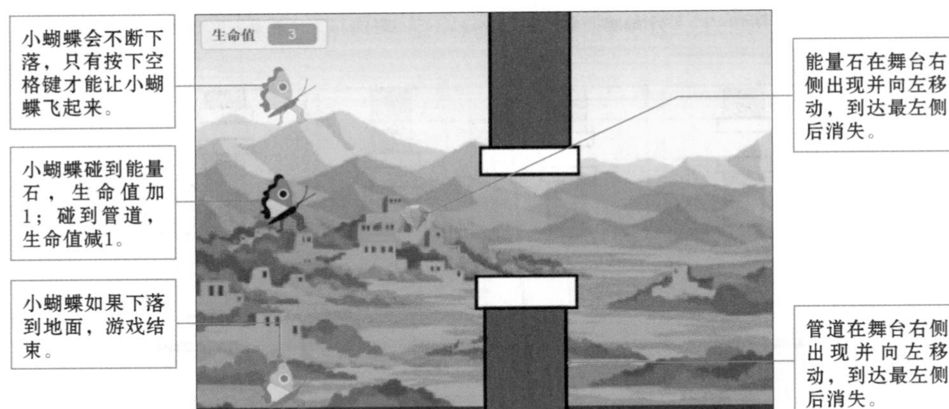

生命值 3
小蝴蝶会不断下落，只有按下空格键才能让小蝴蝶飞起来。
小蝴蝶碰到能量石，生命值加1；碰到管道，生命值减1。
小蝴蝶如果下落到地面，游戏结束。
能量石在舞台右侧出现并向左移动，到达最左侧后消失。
管道在舞台右侧出现并向左移动，到达最左侧后消失。

图13-1　程序运行效果

完成本项目任务需要 4 个背景，以及“小蝴蝶”“能量石”“管道”“地面”4 个角色（见图 13-2~ 图 13-6）。

图13-2 背景

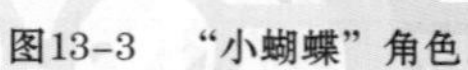

图13-3 “小蝴蝶”角色

图13-4 “能量石”角色

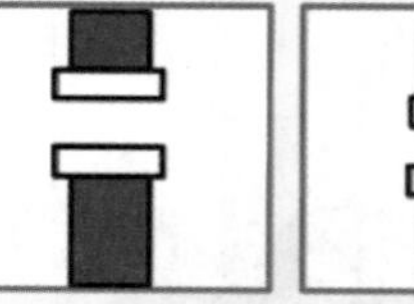

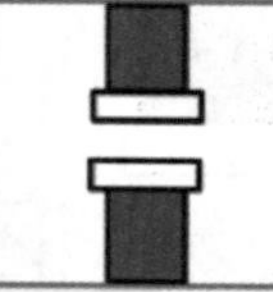

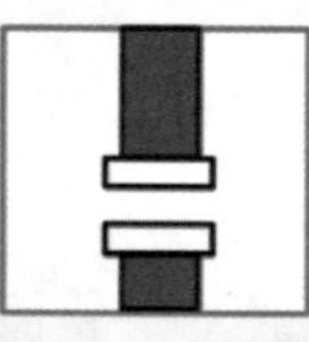

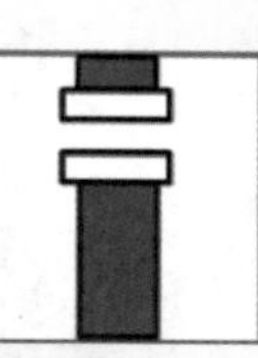

图13-5 “管道”角色的4个不同造型

图13-6 “地面”角色

13.3 任务分解

任务一 小蝴蝶在舞台左侧初始位置出现，并不断往下坠落；按下空格键可以控制小蝴蝶向上飞行；如果小蝴蝶落到地面位置，则游戏结束。

任务二 管道以随机造型出现在舞台右侧，向左移动到达舞台最左侧后消失。等待随机时间间隔后，管道再次出现并不断重复这一过程。

任务三　能量石出现在舞台右侧，向左移动到达舞台最左侧后消失。等待随机时间间隔后，能量石再次出现并不断重复这一过程。

任务四　设置小蝴蝶初始生命值为 3，当小蝴蝶碰到管道时，生命值 -1；当小蝴蝶碰到能量石时，生命值 +1，且切换到下一个背景；当生命值为 0 时，游戏结束。

13.4　程序设计

任务一　小蝴蝶在舞台左侧初始位置出现，并不断往下坠落；按下空格键可以控制蝴蝶向上飞行；如果蝴蝶落到地面位置，则游戏结束。

1. “小蝴蝶”角色的流程分析

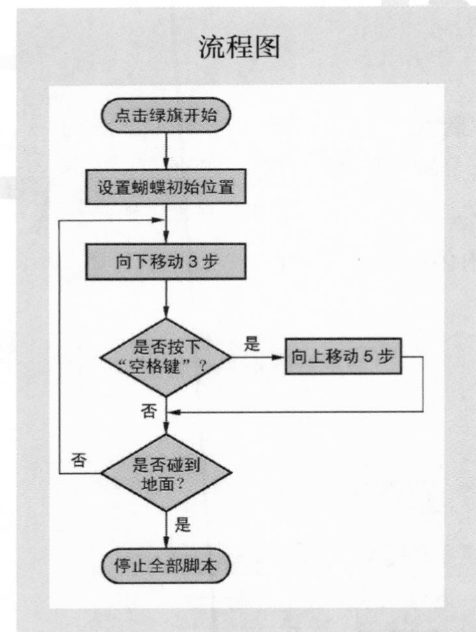

2. 搭建积木

步骤 1：从素材库中导入图 13-2 所示的 4 个背景，从角色库中导入“小蝴蝶”角色，自行绘制“地面”角色，并依照图 13-1 所示调整各个角色的位置与大小。

步骤 2：对“小蝴蝶”角色编程，当游戏开始时，“小蝴蝶”角色首先出现在舞台左侧初始位置，

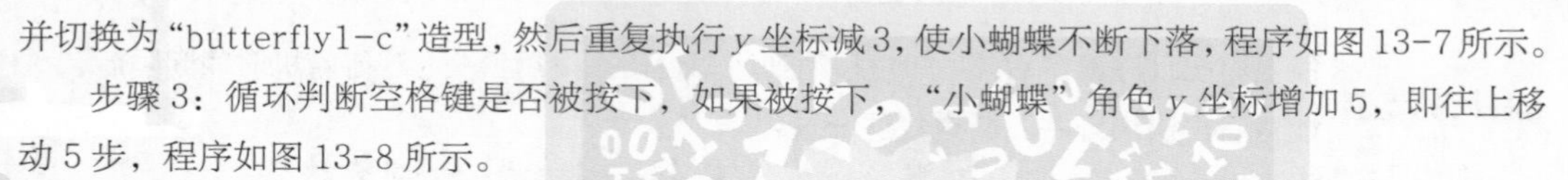

并切换为“butterfly1-c”造型，然后重复执行 y 坐标减 3，使小蝴蝶不断下落，程序如图 13-7 所示。

步骤 3：循环判断空格键是否被按下，如果被按下，“小蝴蝶”角色 y 坐标增加 5，即往上移动 5 步，程序如图 13-8 所示。

步骤 4：重复判断“小蝴蝶”角色是否碰到地面，如果碰到，则游戏结束，程序如图 13-9 所示。

图13-7 “小蝴蝶”角色下落的程序

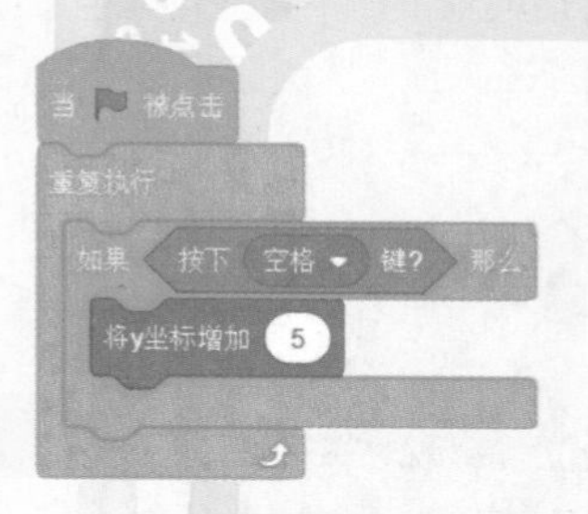

图13-8 空格键控制“小蝴蝶”角色上升的程序

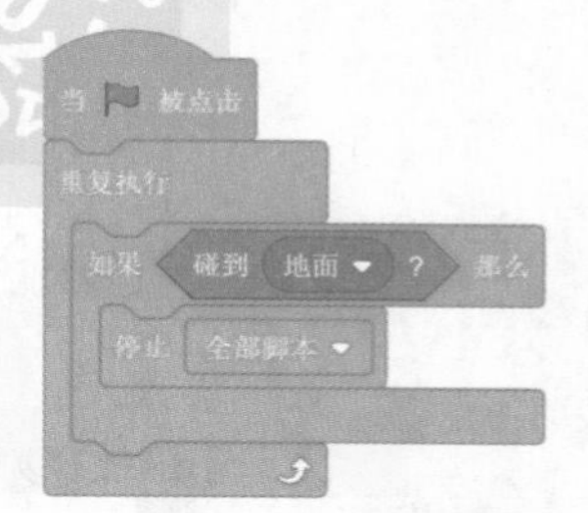

图13-9 判断“小蝴蝶”角色是否触地程序

步骤 5：上述各段程序可独立运行，也可合并成一个总程序，总程序如图 13-10 所示。

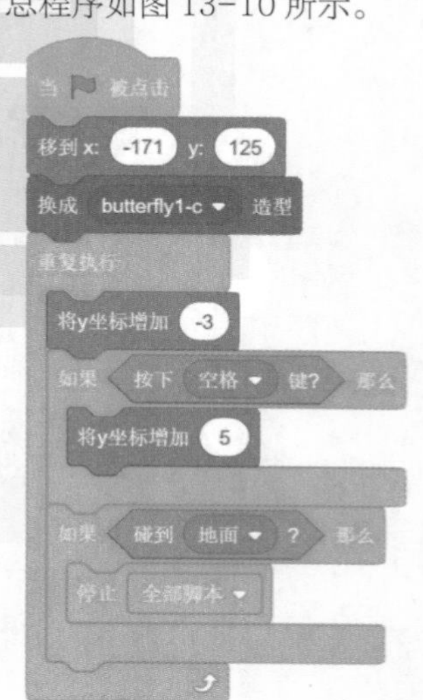

图13-10 “小蝴蝶”角色的完整程序

任务二 管道以随机造型出现在舞台右侧，向左移动到达舞台最左侧后消失。等待随机时间间隔后，管道再次出现并不断重复这一过程。

1. “管道”角色的流程分析

2. 搭建积木

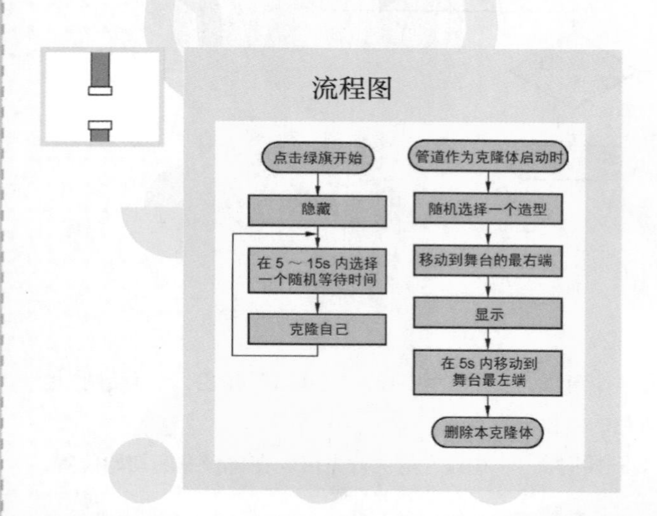

步骤 1：新建“管道”角色，使用矩形工具绘制 4 个不同造型，每个管道造型的缺口位置不同，如图 13-5 所示。

步骤 2：对“管道”角色编程，当绿旗被点击时，“管道”角色首先隐藏自己，然后每间隔一个随机时间重复克隆自己，程序如图 13-11 所示。

步骤 3：当“管道”角色作为克隆体启动时，首先切换一个随机造型，接着，移动到舞台最右侧初始位置并显示，然后在 5 秒内移动到舞台最左侧，最后删除克隆体，其程序如图 13-12 所示。

图13-11　“管道”角色的程序

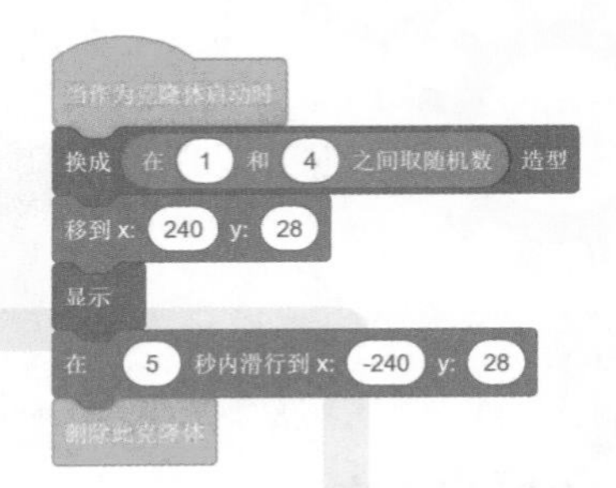

图13-12　“管道”角色克隆体的程序

任务三　能量石出现在舞台右侧，向左移动到达舞台最左侧后消失。等待随机时间间隔后，能量石再次出现并不断重复这一过程。

1. “能量石”角色的流程分析

2. 搭建积木

流程图

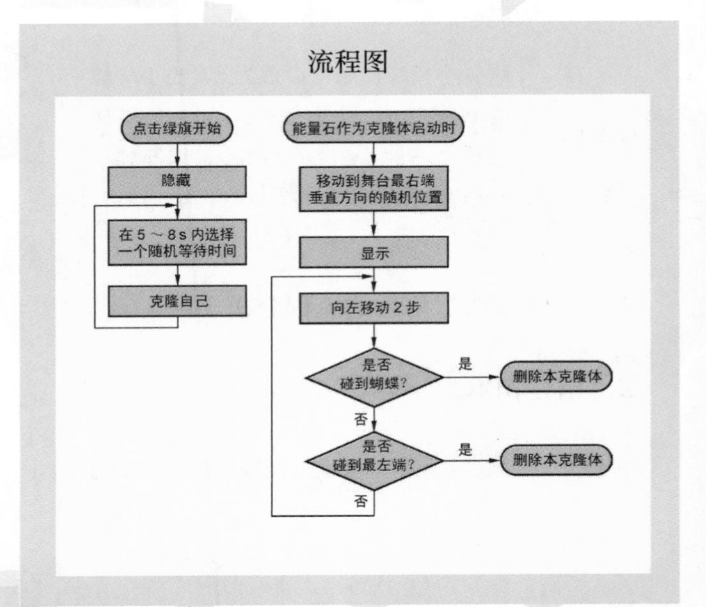

步骤 1：从角色库中导入“钻石”角色，并重命名为“能量石”。

步骤 2：对“能量石”角色进行编程。当绿旗被点击时，“能量石”角色首先隐藏自己，然后每间隔一个随机时间不断重复克隆自己，程序如图 13-13 所示。

步骤 3：当作为克隆体启动时，能量石首先移动到舞台最右侧，并在垂直方向选择一个随机位置出现（y 坐标在 -100 到 150 之间），然后从右往左每次移动 2 步，当达到舞台左侧（x 坐标小于 -235）后删除克隆体。克隆体从右往左移动过程中，如果碰到小蝴蝶，则删除克隆体，程序如图 13-14 所示。

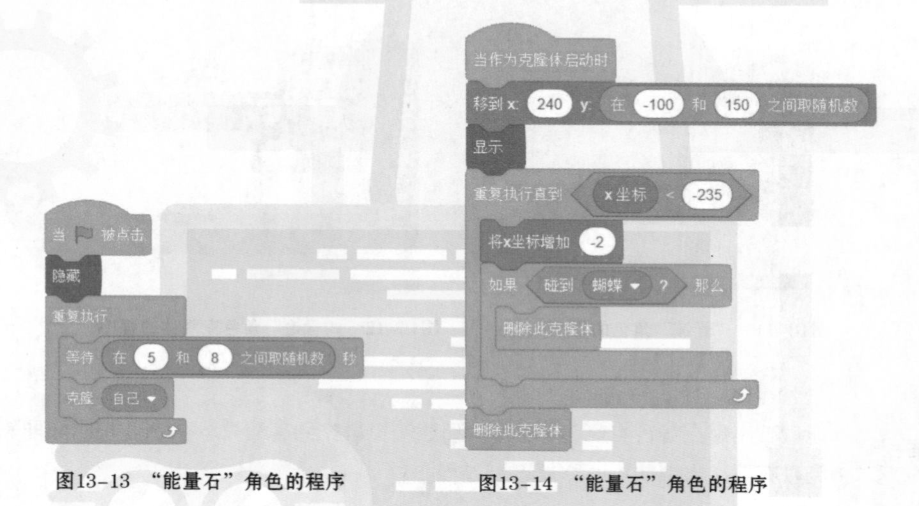

图13-13 “能量石”角色的程序　　图13-14 “能量石”角色的程序

在开始任务四之前，我们可以先点击小绿旗试运行一下程序，看看能否通过按下空格键来控制小蝴蝶躲避管道，并获得能量石。

任务四　设置小蝴蝶初始生命值为 3，当小蝴蝶碰到管道时，生命值 -1；当小蝴蝶碰到能量石时，生命值 +1，且切换到下一个背景；当生命值为 0 时，游戏结束。

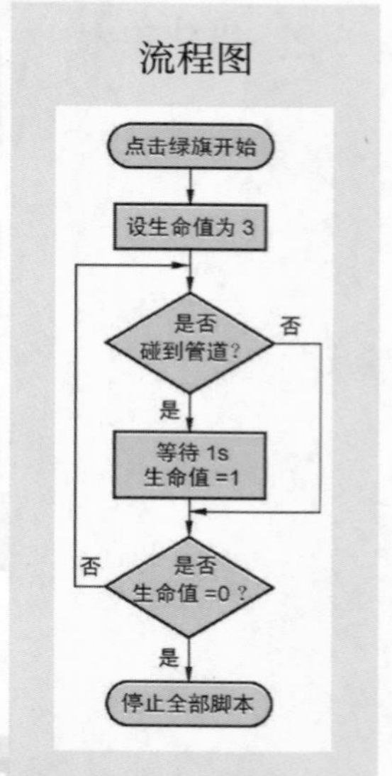

1. “小蝴蝶”角色的流程分析

2. 搭建积木

步骤 1：新建“生命值”变量，设置变量为“适用于

所有角色”，并设置变量初值为 3。

步骤 2：对任务三的“能量石”程序进行修改，如果能量石碰到小蝴蝶，先将“生命值”变量值加 1，再切换到下一个背景，最后删除能量石克隆体，程序如图 13-15 所示。

步骤 3：对“小蝴蝶”角色进行编程，重复判断小蝴蝶是否碰到管道，如果碰到，先等待 1 秒，再将“生命值”变量值减 1。

步骤 4：判断“生命值”变量值是否为 0，如果为 0，则停止全部脚本，结束游戏，程序如图 13-16 所示。

```
当作为克隆体启动时
移到 x: 240 y: 在 -100 和 150 之间取随机数
显示
重复执行直到 x坐标 < -235
    将x坐标增加 -2
    如果 碰到 蝴蝶 ? 那么
        将 生命值 增加 1
        下一个背景
        删除此克隆体
删除此克隆体
```

图13-15 “能量石”角色的程序

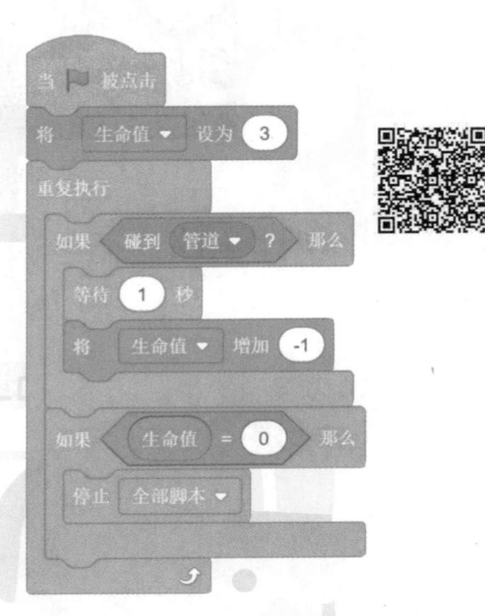

图13-16 “小蝴蝶”角色的程序

想一想

为什么程序中，当碰到“能量石”或“管道”的时候，需要等待 1 秒，再改变“生命值”变量的值呢？自己尝试改变一下程序，去掉“等待 1 秒”积木，看看“生命值”变量的变化情况会怎样。

13.5 任务拓展

大家想一想，怎样修改程序能让游戏更有趣？比如加入新的“魔法石”角色，小蝴蝶碰到魔法石后身体会随机变大或变小，从而增大或降低小蝴蝶穿越管道的难度，如图 13-17 所示。

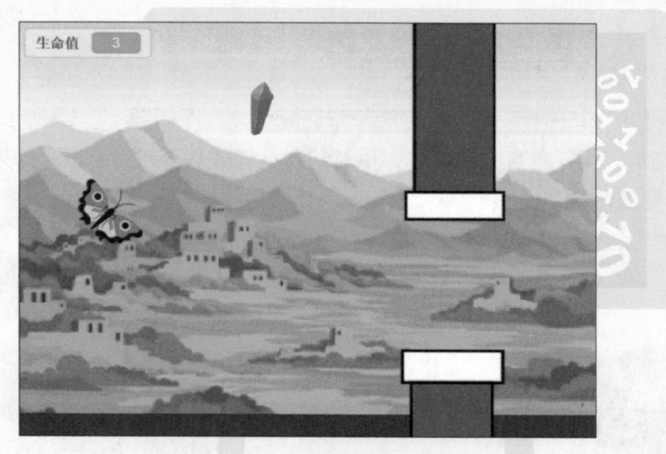

图13-17　任务拓展效果图

第 14 课　太空营救

14.1　任务背景

小猫和它的朋友小龙在太空中探险，不慎在一个迷宫中走散了。迷失了方向的小龙很有可能遇到危险，小猫必须尽快穿过迷宫去营救它。小猫寻找小龙的过程中会遇到哪些困难呢？接下来，就让我们一起帮助小猫去营救小龙吧。

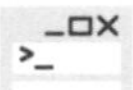

14.2　内容分析

程序运行效果如图 14-1 所示。

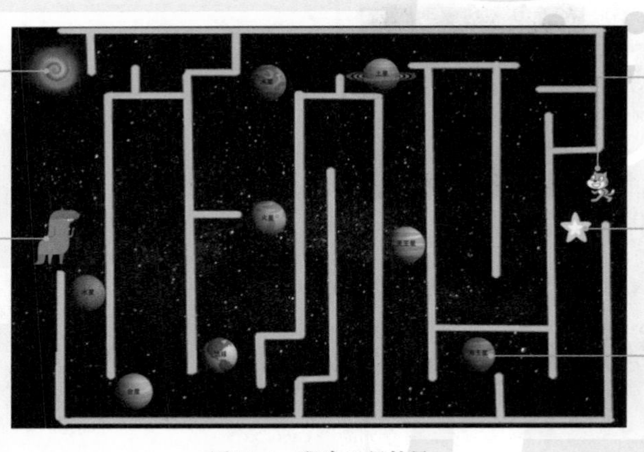

黑洞会一直旋转，当小猫找到小龙时，黑洞消失。
如果小猫答错问题，小龙就会被黑洞吸引并不断靠近黑洞，直到被吸入黑洞，任务失败。
小猫从初始位置出发，穿越迷宫寻找朋友小龙。
小猫碰到星星后，星星会告诉它穿越迷宫的规则。
小猫经过每个星球时，都需要正确回答它的问题才能通过。

图14-1　程序运行效果

完成本项目任务需要 1 个“太空”背景和 13 个角色，角色包括“小猫”“小龙”“星星”“迷宫”“黑洞”和 8 个行星角色（见图 14-2~ 图 14-14）。

图14-2 “小猫”角色

图14-3 “水星”角色

图14-4 “金星”角色

图14-5 “地球”角色

图14-6 “火星”角色

图14-7 “木星”角色

图14-8 “土星”角色

图14-9 “天王星”角色

图14-10 “海王星”角色

图14-11 “星星”角色

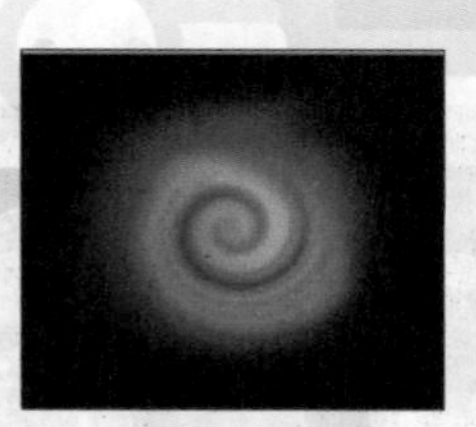

图14-12 “黑洞”角色

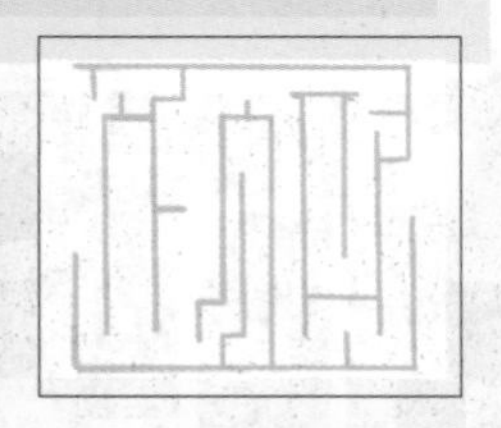

图14-13 “迷宫”角色

图14-14 “小龙”角色

14.3 任务分析

任务一 通过“↑、↓、←、→”键控制小猫移动，小猫移动过程中碰到迷宫墙则无法前进。小猫穿越迷宫碰到小龙后，与小龙对话，并广播“任务成功”消息。

任务二 当小猫碰到星星时，星星会告诉小猫穿越迷宫的要求与规则，然后消失。

任务三 8 颗行星碰到小猫后都会对小猫进行提问，如果小猫回答正确，则该行星消失，小猫可以继续前进；如果回答错误，行星会广播“黑洞吸引”消息并继续提问。

任务四 小龙在接收到行星广播的“黑洞吸引”消息后，会变小并被吸引靠近黑洞，如果累计接收到 3 次“黑洞吸引”消息，小龙就会被吸入黑洞，并广播“任务失败”消息。

任务五 黑洞一直保持旋转，如果接收到“任务失败”消息，则停止游戏；如果接收到“任务成功”消息，则黑洞消失。

14.4 程序设计

任务一 通过“↑、↓、←、→”键控制小猫移动，小猫移动过程中碰到迷宫墙则无法前进。小猫穿越迷宫碰到小龙后，与小龙对话，并广播“任务成功”消息。

1. “小猫”角色的流程分析

对“小猫”角色编程，实现利用“↑、↓、←、→”4 个按键控制小猫移动。4 个方向键的程序基本相同，这里以“←键”为例对程序流程进行分析。

流程图

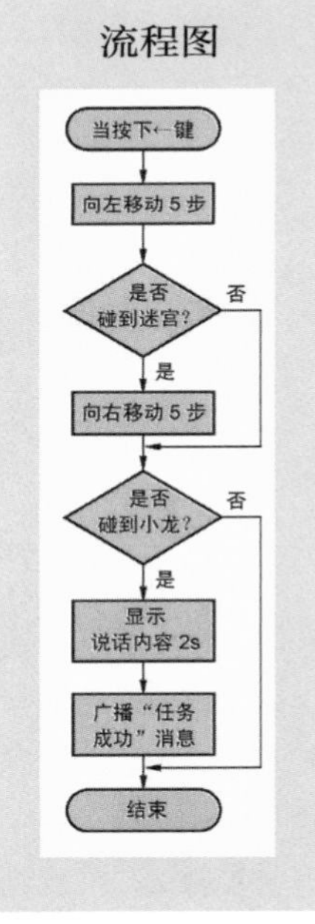

2. 搭建积木

步骤 1：从素材库中导入“太空”背景以及“迷宫”“小龙”角色，从 Scratch 角色库中导入“小猫”角色。

步骤 2：对“小猫”角色编程，当点击绿旗开始程序时，设置“小猫”角色的显示状态、初始位置、大小，以及小猫说话的内容，程序代码如图 14-15 所示。

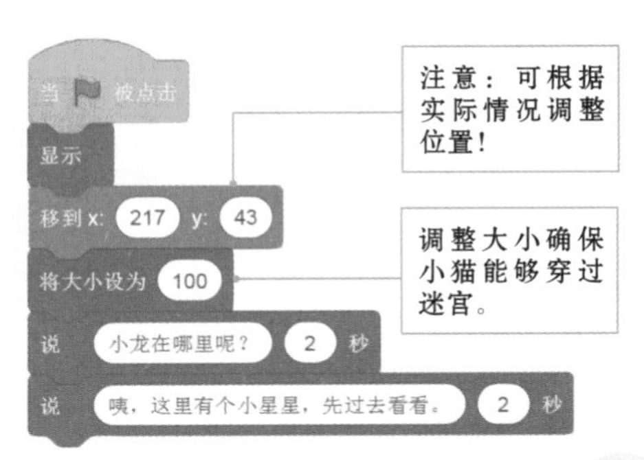

图14-15 “小猫”角色的程序

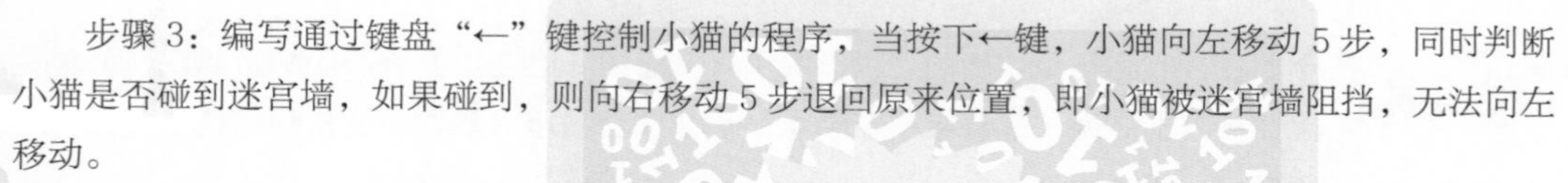

步骤 3：编写通过键盘“←”键控制小猫的程序，当按下←键，小猫向左移动 5 步，同时判断小猫是否碰到迷宫墙，如果碰到，则向右移动 5 步退回原来位置，即小猫被迷宫墙阻挡，无法向左移动。

这里，我们可以将“侦测”模块中“碰到 鼠标指针 ?”积木的“鼠标指针”改为“迷宫”，用来监测小猫移动后是否碰到迷宫墙。

步骤 4：小猫向左移动 5 步后，还需要判断是否碰到小龙，如果碰到，则与小龙对话，并广播“任务成功”的消息，“←”键控制“小猫”角色的程序如图 14-16 所示。

步骤 5：依据←键程序代码编写其余 3 个方向键对应的程序。

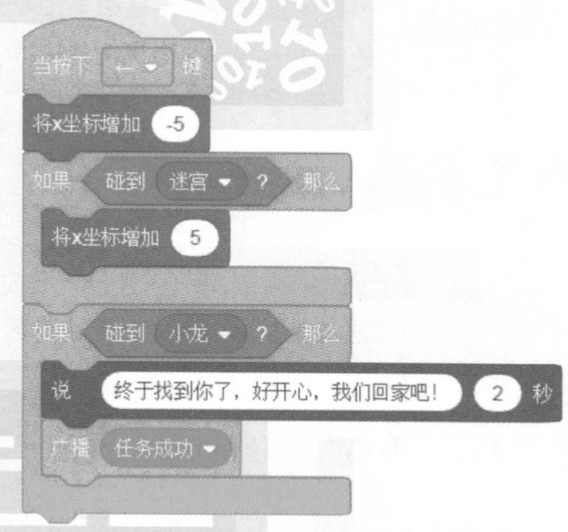

图14-16　“←”键控制“小猫”角色的程序

任务二　当小猫碰到星星时，星星会告诉小猫穿越迷宫的要求与规则，然后消失。

1. “星星”角色的流程分析

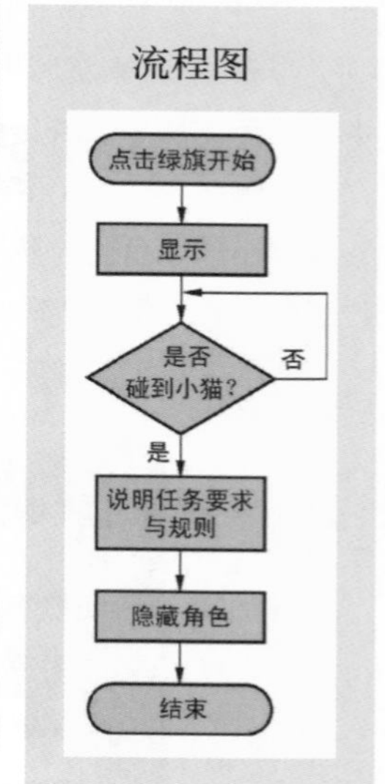

2. 搭建积木

步骤 1：从素材库中导入“星星”角色，调整角色大小，并对“星星”角色编程。程序开始时，设置“星星”角色为显示状态。

步骤 2：重复判断星星是否碰到小猫，如果碰到，星星会以说话的方式告知小猫任务要求与规则，然后消失，程序如图 14-17 所示。

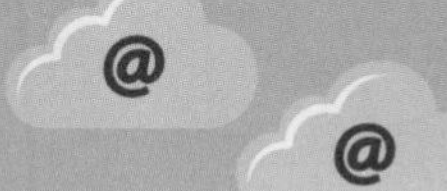


```
当 🏴 被点击
显示
重复执行
  如果 <碰到 (小猫 ▾) ?> 那么
    说 (你的朋友小龙现在在迷宫出口，你需要通过迷宫才可以找到它) (2) 秒
    说 (遇到的每个星球都会提问，回答正确才可以往前走，全部回答正确则黑洞消失哦) (2) 秒
    说 (如果回答错误，小龙会变小并被吸引向黑洞，当回答错误三次时，小龙就会被黑洞吸入并消失！) (2) 秒
    隐藏
    停止 (这个脚本 ▾)
```

图14-17　“星星”角色的程序

任务三　8 颗行星碰到小猫后都会对小猫进行提问，如果小猫回答正确，则该行星消失，小猫可以继续前进；如果回答错误，行星会广播“黑洞吸引”消息并继续提问。

除了碰到小猫后提问的内容不同，8 颗行星角色的程序基本相同，这里以“金星”为例对 8 颗行星角色的程序流程进行分析。

1. “金星”角色的流程分析

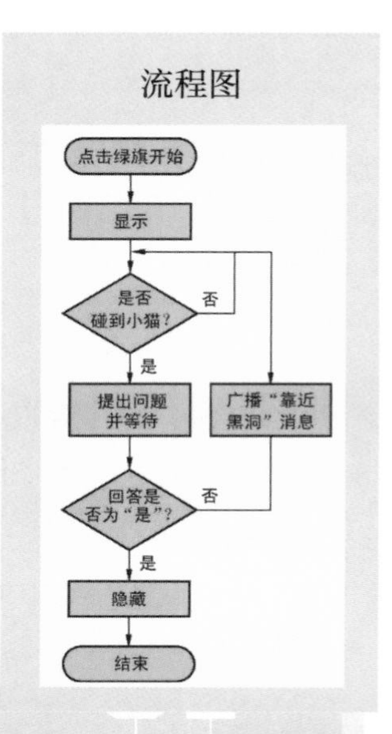

2. 搭建积木

步骤 1：从素材库中导入 8 个行星角色，依照图 14-1 所示调整各个角色的位置与大小。

步骤 2：对“金星”角色编程，点击绿旗开始程序时，设置“金星”角色为显示状态。

步骤 3：判断“金星”角色是否碰到小猫，如果碰到，向小猫提问并判断回答是否正确。如果回答正确，“金星”角色隐藏，并停止这个脚本；如果回答错误，广播“黑洞吸引”消息，再次循环提问并等待回答。“金星”角色程序如图 14-18 所示。

图14-18 “金星”角色的程序

步骤 4：参照“金星”角色程序对其他 7 个行星角色编程，8 个行星的提问内容与答案如表 14-1 所示。

表 14-1 8 个行星提问的内容与答案

对应星球	问题	正确答案
水星	1. 水星是太阳系八大行星中离太阳最（ ）的行星。（近或远）	近
金星	2. 金星上适合人类居住吗？（适合或不适合）	不适合
地球	3. 在太空上看地球主要是什么颜色？（ ）色	蓝
火星	4. 火星上面有火吗？（是或否）	否
木星	5. 木星有多少颗已知的卫星？（ ）颗	69
土星	6. 在太阳系八大行星中土星至太阳距离（由近到远）位于第几？	6
天王星	7. 天王星是气态行星吗？（是或否）	是
海王星	8. 海王星是哪一年被发现的？（ ）年	1846

任务四

小龙在接收到行星广播的“黑洞吸引”消息后，会变小并被吸引靠近黑洞，如果累计接收到 3 次“黑洞吸引”消息，小龙就会被吸入黑洞，并广播“任务失败”消息。

1. “小龙”角色的流程分析

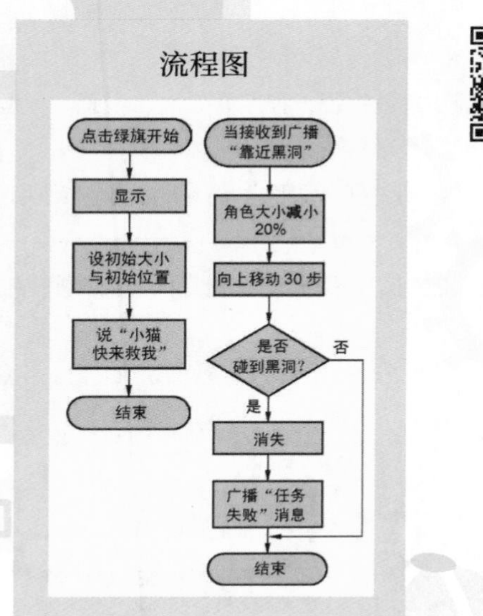

2. 搭建积木

步骤 1：导入“黑洞”角色，调整“黑洞”角色大小，设置“小龙”角色与“黑洞”角色之间的距离在 80 步左右，如图 14-1 所示。

步骤 2：对“小龙”角色编程，点击绿旗后，设置“小龙”角色的初始状态，然后向小猫求救，程序如图 14-19 所示。

步骤 3：当接收到“黑洞吸引”消息时，“小龙”角色大小增加 -20（减小 20%）并朝黑洞方向移动 30 步，当第三次接收到“黑洞吸引”消息时，小龙碰到黑洞，隐藏“小龙”角色，并广播“任务失败”消息，程序如图 14-20 所示。

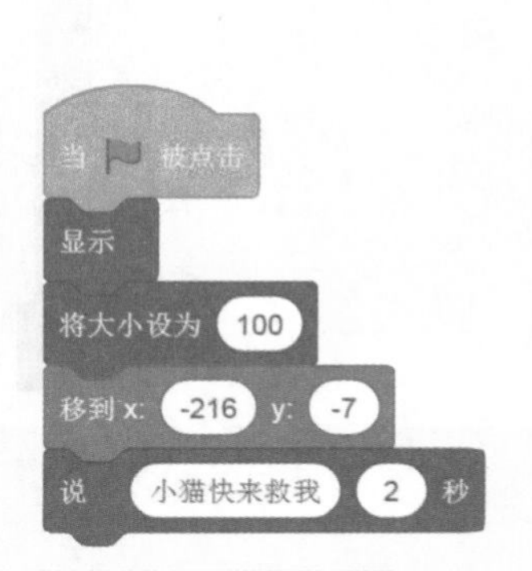

图14-19 “小龙”角色的程序

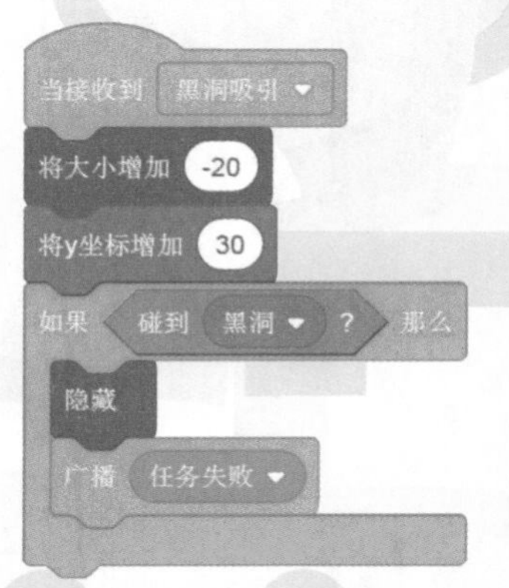

图14-20 “小龙”角色的程序

任务五 黑洞一直保持旋转，如果接收到“任务失败”消息，则停止游戏；如果接收到“任务成功”消息，则黑洞消失。

步骤 1：对“黑洞”角色编程，程序开始时，设置“黑洞”角色为显示状态。重复执行“黑洞”角色向右旋转 5°，使其呈现旋转效果。

步骤 2：当黑洞接收到“任务失败”消息时，说“到另一个时空去找你的朋友吧～”，并停止全部脚本。

步骤 3：当黑洞接收到“任务成功”消息时，隐藏并停止全部脚本，“黑洞”角色的程序如图 14-21 所示。

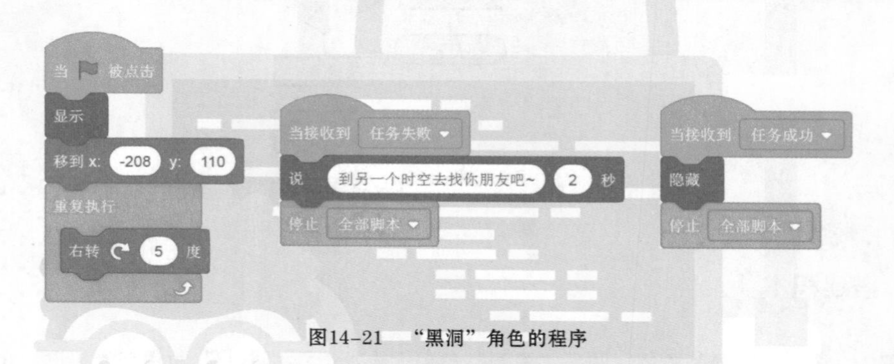

图14-21 “黑洞”角色的程序

14.5 任务拓展

谢谢你帮助小猫穿越迷宫找到朋友，为了让小猫的太空探险更具挑战性，请你为每个行星设置 3 个不同的问题，当行星遇到小猫时，随机提问其中一个问题。若回答正确，则该行星消失；若回答错误，再随机提问，直到小猫回答正确为止。

第 15 课　环保小卫士

15.1　任务背景

垃圾分类，举手之劳，变废为宝，美化家园。垃圾一般可分为“可回收垃圾”“有害垃圾”“厨余垃圾”和“其他垃圾”4 种类型，如果现在给你一些电池、药品、塑料，你会分类吗？接下来，我们就以垃圾分类为主题来制作一个游戏。垃圾分类图如图 15-1 所示。

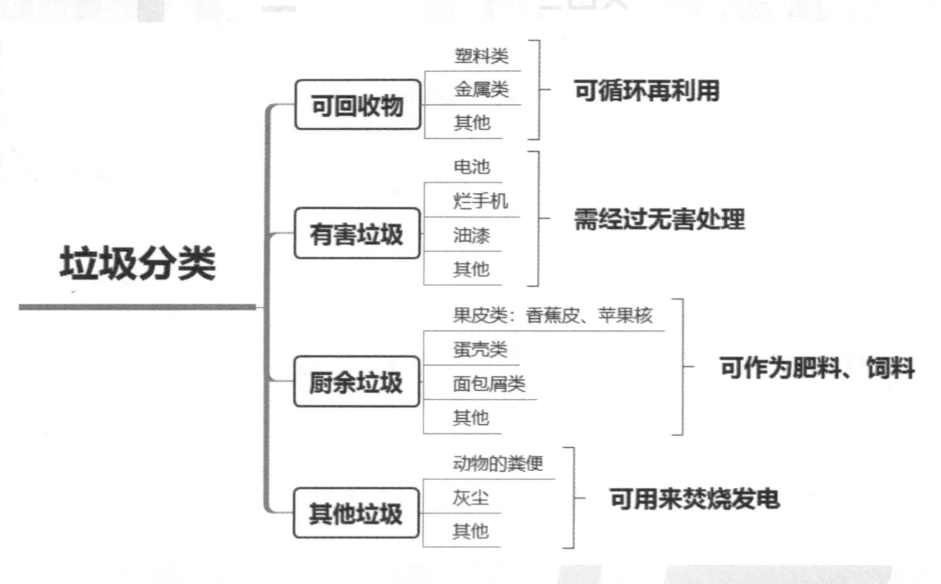

图15-1　垃圾分类

15.2　内容分析

程序运行效果如图 15-2 所示。

得分 3
通过左、右按键控制垃圾桶水平移动，空格键变换垃圾桶的造型。垃圾桶接到正确类型的垃圾加分，否则减分。
不同类型的垃圾在舞台顶端水平位置随机出现，并开始下落。
垃圾下落到舞台底部或碰到垃圾桶都会消失。

图15-2　程序运行效果

完成本项目任务需要“Blue Sky”“win”“lose”3个背景，以及“垃圾桶”“厨余垃圾”“可回收垃圾”“其他垃圾”“有害垃圾”共5个角色（见图15-3~图15-10）。

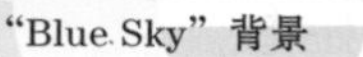
图15-3　“Blue Sky”背景

图15-4　“win”背景

图15-5　“lose”背景

图15-6　“垃圾桶”角色的4个造型

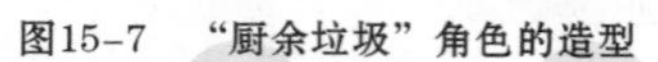
图15-7　“厨余垃圾”角色的造型

图15-8　“可回收垃圾”角色的造型

图15-9　“其他垃圾”角色的造型

图15-10　“有害垃圾”角色的造型

15.3　任务分解

任务一　按键盘上的“←、→”键可以控制垃圾桶在舞台底部水平方向移动，按空格键可以控制垃圾桶循环切换 4 种造型。

任务二　不同类型的垃圾从舞台顶部随机下落，下落过程中如果碰到垃圾桶或到达舞台底部则消失。

任务三　设置游戏初始分值为 3，如果用对应的垃圾桶回收了正确的垃圾，分值加 1；如果回收了错误的垃圾，分值减 1；如果分值为 0，则显示“lose”背景并停止游戏；如果分值为 10，则显示“win”背景并停止游戏。

15.4　程序设计

任务一　按键盘上的“←、→”键可以控制垃圾桶在舞台底部水平方向移动，按空格键可以控制垃圾桶循环切换 4 种造型。

步骤 1：从背景库中导入“Blue Sky”背景，从素材库中导入“垃圾桶”角色并添加 4 个垃圾桶造型。

步骤 2：对“垃圾桶”角色编程，当游戏开始时，首先切换成“Blue Sky”背景，然后对“垃圾桶”角色的大小与位置进行初始设置，程序如图 15-11 所示。

步骤 3：键盘上的“←、→”键控制垃圾桶水平方向移动，空格键控制垃圾桶造型切换，程序如图 15-12 所示。

图15-11 “垃圾桶”角色初始化的程序

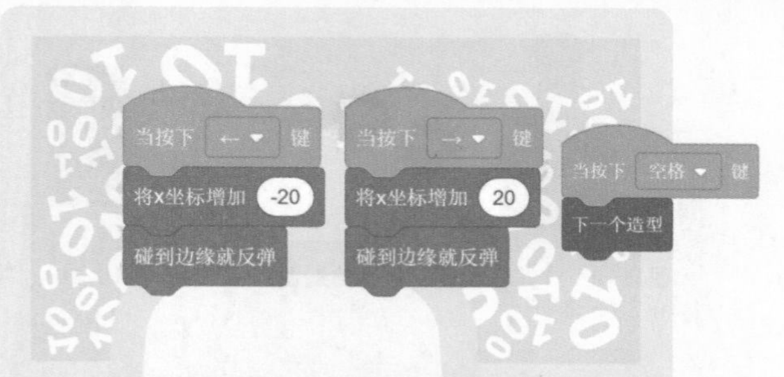

图15-12 “垃圾桶”角色控制的程序

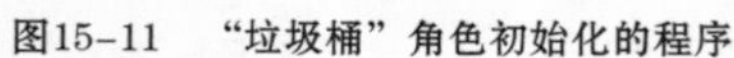

任务二　不同类型的垃圾从舞台顶部随机下落，下落过程中如果碰到垃圾桶或到达舞台底部则消失。

1. “垃圾”角色的流程分析

4 种类型垃圾的程序基本相同，这里以“厨余垃圾”角色为例对程序流程进行分析。

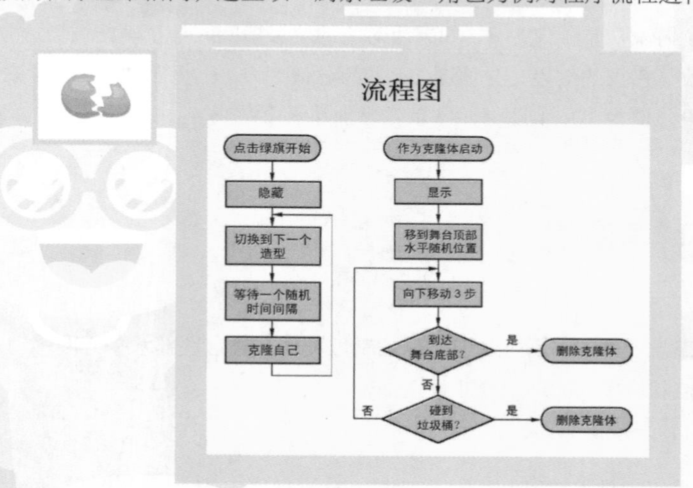

2. 搭建积木

步骤 1：从素材库导入 4 个垃圾角色，并为每个角色添加对应的造型。

步骤 2：对“厨余垃圾”角色编程，首先隐藏角色，然后每间隔一个随机时间，循环切换造型并克隆自己，程序如图 15-13 所示。

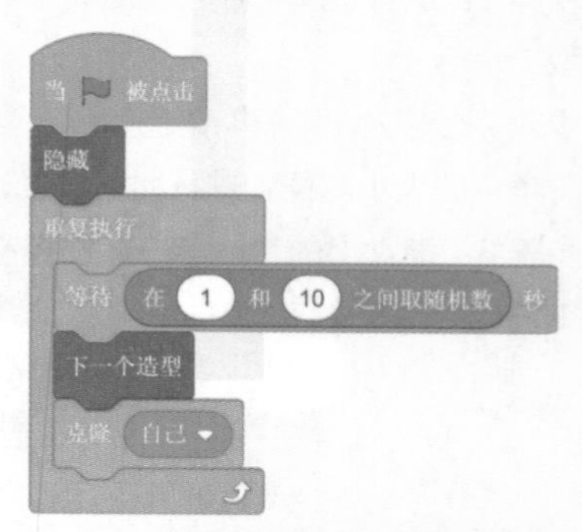

图15-13 “厨余垃圾”角色初始化程序

步骤 3：“厨余垃圾”角色克隆体启动后，显示并

移动到舞台顶部水平方向的随机位置，然后开始下落。克隆体下落过程中，当碰到垃圾桶或者下落到舞台底部时，删除克隆体，程序如图 15-14 所示。

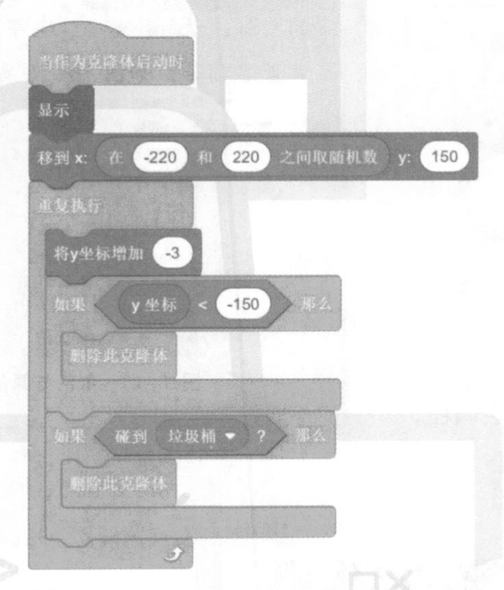

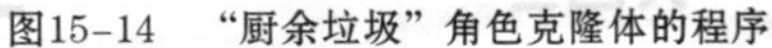

图15-14 “厨余垃圾”角色克隆体的程序

步骤 4：依照“厨余垃圾”角色程序，对其余 3 个角色编程。

任务三

设置游戏初始分值为 3，如果用对应的垃圾桶回收了正确的垃圾，分值加 1；如果回收了错误的垃圾，分值减 1；如果分值为 0，则显示“lose”背景并停止游戏；如果分值为 10，则显示“win”背景并停止游戏。

步骤 1：新建“得分”变量，在图 15-11 所示程序的基础上继续对“垃圾桶”角色编程，设置“得分”变量初始值为 3，然后对变量进行循环监测，如果变量值为 10，隐藏垃圾桶，切换为“win”背景并停止全部脚本；如果变量值为 0，隐藏垃圾桶，切换为“lose”背景并停止全部脚本。最终程序如图 15-15 所示。

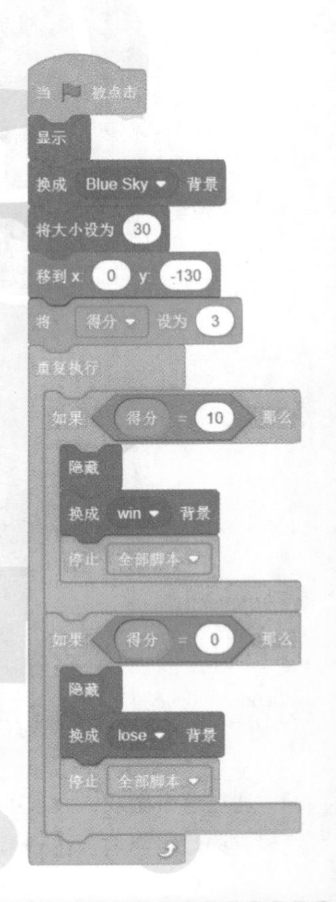

图15-15 “垃圾桶”角色的最终程序

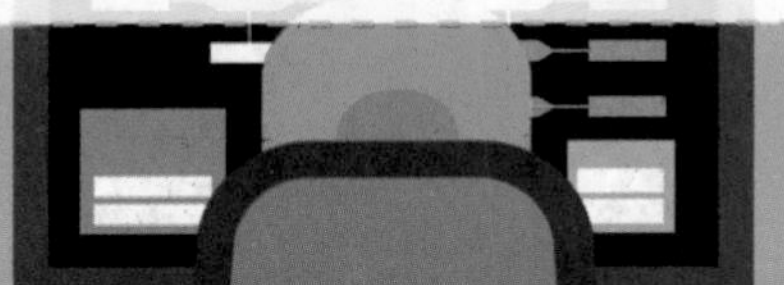

步骤 2：对“厨余垃圾”角色编程，在图 15-14 所示程序的基础上，进一步分析当厨余垃圾碰到垃圾桶时，垃圾桶的造型是否为“厨余垃圾桶”。

如果 垃圾桶 的 造型编号 的值为 4，表示垃圾桶造型与厨余垃圾相匹配，“得分”变量加 1，否则“得分”变量减 1。“厨余垃圾”角色的程序如图 15-17 所示。

步骤 3：依照“厨余垃圾”角色的程序，分别对其余 3 个角色编程。

对某一角色编程时，利用“侦测”模块中的 垃圾桶 的 造型编号 积木，不仅可以获取其他角色的坐标、方向和大小，还可以获取舞台的背景编号、背景名称等，如图 15-16 所示。

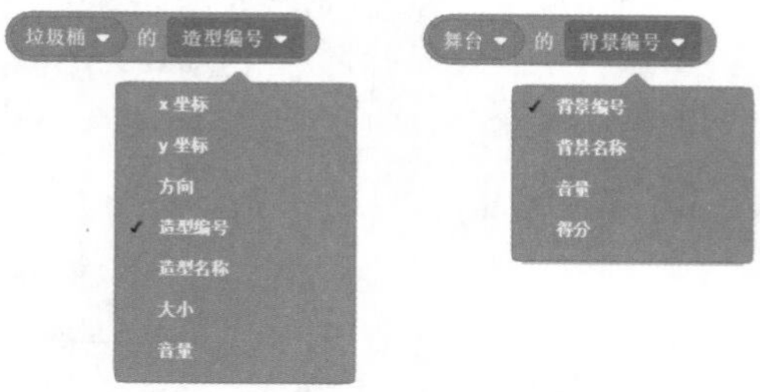

图15-16 角色与舞台背景信息侦测积木

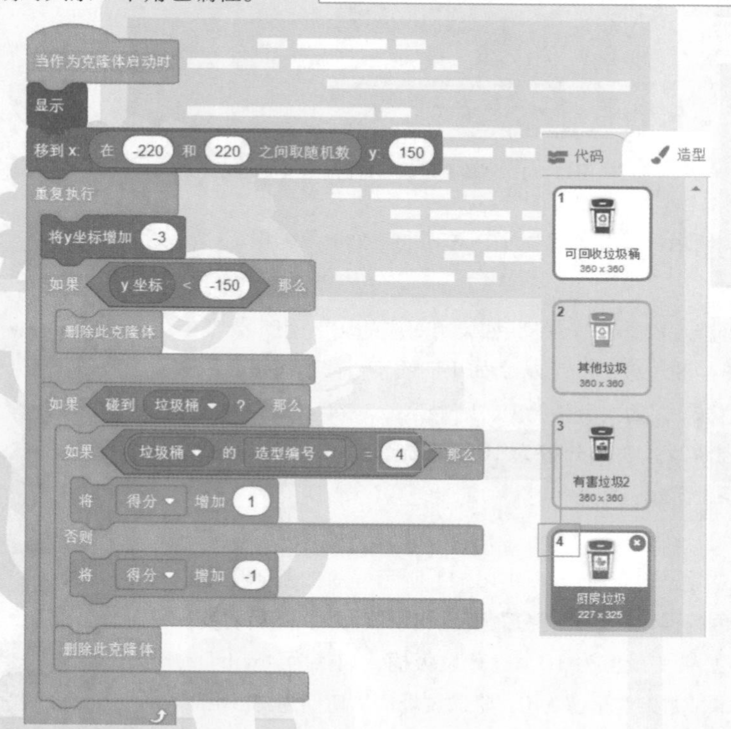

图15-17 “厨余垃圾”角色的程序

15.5 任务拓展

通过这个游戏，大家可以学会如何进行垃圾分类，增强环保意识。但在玩游戏的过程中，我们发现有些垃圾会重合在一起出现，请你想一想办法，让下落的垃圾不重合。

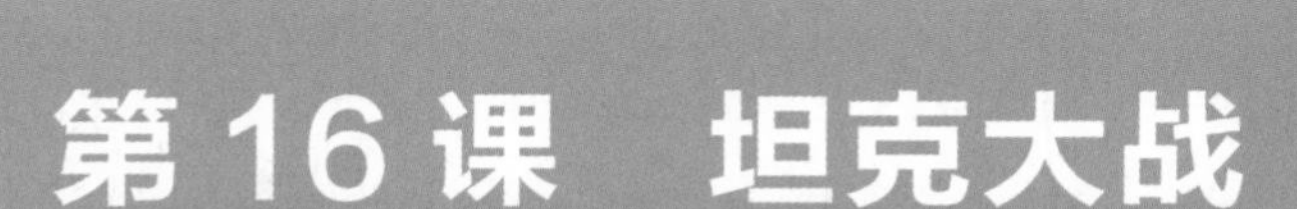

第 16 课　坦克大战

16.1　任务背景

有一群巨型怪兽入侵了我们的星球，它们肆意毁坏我们的家园，并且成群结队地在城市里游荡。为了保卫星球，我们出动了超级坦克来消灭怪兽。作为星球的守护者，让我们一起与怪兽进行战斗吧！

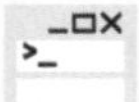

16.2　内容分析

程序运行效果如图 16-1 所示。

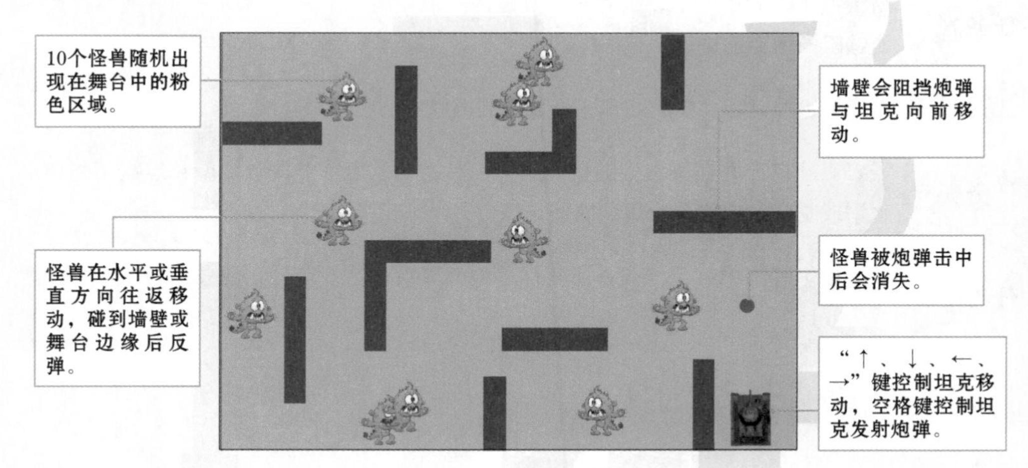
10个怪兽随机出现在舞台中的粉色区域。
墙壁会阻挡炮弹与坦克向前移动。
怪兽在水平或垂直方向往返移动，碰到墙壁或舞台边缘后反弹。
怪兽被炮弹击中后会消失。
“↑、↓、←、→”键控制坦克移动，空格键控制坦克发射炮弹。

图16-1　程序运行效果

完成本项目任务需要“playground”“youlose”“youwin”3 个背景，以及“坦克”“炮弹”“怪兽”3 个角色（见图 16-2~ 图 16-6）。

YOU LOSE!!!

图16-2 “youlose”背景

YOU WIN!!!

图16-3 “youwin”背景

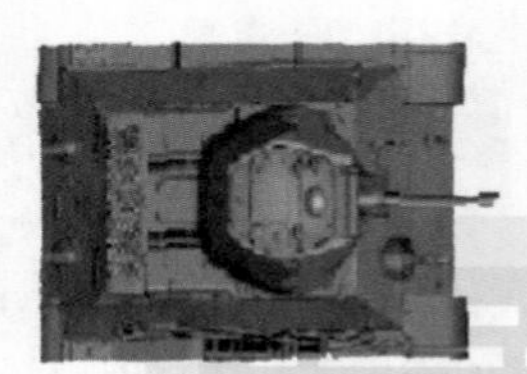

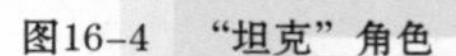

图16-4 “坦克”角色　　图16-5 “炮弹”角色　　图16-6 “怪兽”角色

16.3 任务分解

任务一	用键盘上的“↑、↓、←、→”按键控制坦克朝 4 个方向移动，墙壁或舞台边缘能够阻挡坦克前进。
任务二	用空格键控制坦克发射炮弹，炮弹碰到墙壁或舞台边缘会消失。
任务三	怪兽克隆自己并在舞台上随机分布，但其初始位置不能接触墙壁和坦克。怪兽沿水平或垂直方向移动，碰到墙壁或舞台边缘则反弹。
任务四	怪兽被炮弹击中后会消失；所有怪兽被消灭后，游戏获胜；怪兽碰到坦克后，游戏失败。

16.4 程序设计

任务一 用键盘上的“↑、↓、←、→”按键控制坦克朝 4 个方向移动，墙壁或舞台边缘能够阻挡坦克前进。

1．“坦克”角色的流程分析

“↑、↓、←、→”4 个按键控制坦克移动的程序基本相同，这里以“↑”键为例对程序流程进行分析。

流程图

当按下键盘“↑”键
面向正上方
向上移动 3 步
碰到墙壁颜色或舞台边缘？
是：向下移动 3 步
否：结束

2．搭建积木

步骤 1：从素材库导入“playground”背景和“坦克”角色。

步骤 2：程序开始时，首先切换成“playground”背景，然后对“坦克”角色进行初始化设置，程序如图 16-7 所示。

步骤 3：当按下键盘“↑”键时，坦克向正上方移动 3 步，然后判断坦克是否碰到蓝色墙壁或舞台边缘，如果碰到，退 3 步回到原来位置，程序如图 16-8 所示。

图16-7 “坦克”角色初始化的程序

图16-8 通过“↑”键控制坦克移动的程序

步骤 4：依照“↑”键程序编写其余 3 个方向键的程序。

任务二 用空格键控制坦克发射炮弹，炮弹碰到墙壁或舞台边缘会消失。

1. “炮弹”角色的流程分析

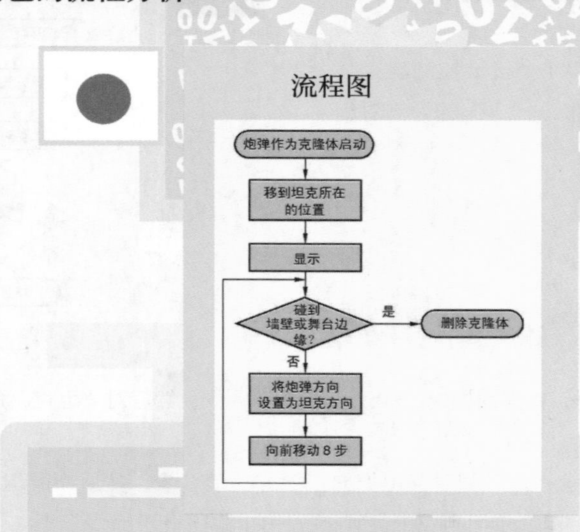
流程图
炮弹作为克隆体启动
移到坦克所在的位置
显示
碰到墙壁或舞台边缘?
是
删除克隆体
否
将炮弹方向设置为坦克方向
向前移动8步

2. 搭建积木

步骤1：绘制“炮弹”角色并对其编程，程序开始时，炮弹隐藏。当按下空格键时，“炮弹”角色克隆自己，程序如图16-9所示。

步骤2：当炮弹作为克隆体启动时，首先要移到坦克所在的位置，再面向坦克前进方向发射。为使炮弹发射方向与坦克前进方向保持一致，我们新建一个“坦克方向”变量，该变量适用于所有角色，可以将“坦克”角色的方向传递给“炮弹”角色，程序如图16-10所示。

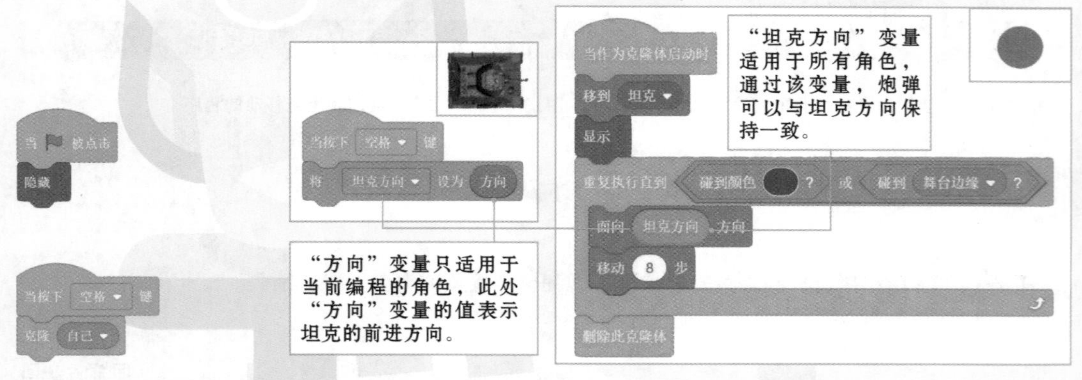
当 被点击
隐藏
当按下 空格 键
克隆 自己
当按下 空格 键
将 坦克方向 设为 方向
“方向”变量只适用于当前编程的角色，此处“方向”变量的值表示坦克的前进方向。
当作为克隆体启动时
移到 坦克
显示
重复执行直到 碰到颜色 ? 或 碰到 舞台边缘 ?
面向 坦克方向 方向
移动 8 步
删除此克隆体
“坦克方向”变量适用于所有角色，通过该变量，炮弹可以与坦克方向保持一致。

图16-9 “炮弹”角色的程序

图16-10 “炮弹”克隆体的程序

任务三 怪兽克隆自己并在舞台上随机分布，但其初始位置不能接触墙壁和坦克。怪兽沿水平或垂直方向移动，碰到墙壁或舞台边缘则反弹。

1. “怪兽”角色的流程分析

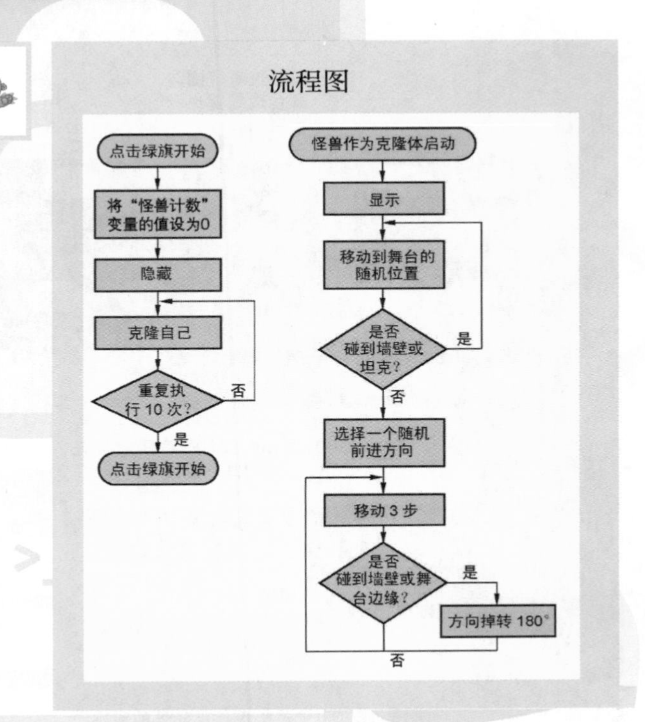

2. 搭建积木

步骤 1：从素材库导入“怪兽”角色，并新建“怪兽计数”变量，用来记录被坦克击中的物怪个数。

步骤 2：当点击绿旗时，将“怪兽计数”变量的初始值设为 0，隐藏“怪兽”角色，然后重复克隆自己 10 次，程序如图 16-11 所示。

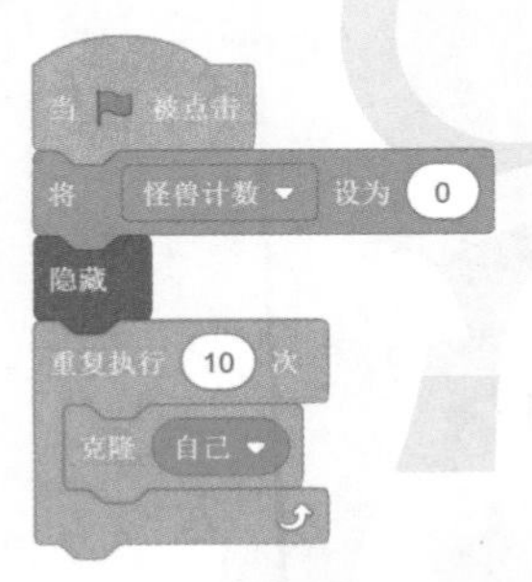

图 16-11　“怪兽”角色的程序

步骤 3：当怪兽作为克隆体启动时，首先显示并移动到舞台中一个随机位置，然后判断怪兽当前是否触碰到墙壁或坦克，如果是，则重新移动到另一个随机位置，如此循环，直到怪兽没有触碰墙壁与坦克为止。

步骤 4：怪兽从上、下、左、右 4 个方向中随机选择一个方向移动前进，如果碰到墙壁或舞台边缘则方向掉转 180°，程序如图 16-12 所示。

图16-12 “怪兽”角色克隆体的程序

任务四

怪兽被炮弹击中后会消失；所有怪兽被消灭后，游戏获胜；怪兽碰到坦克后，游戏失败。

1. “怪兽”角色的流程分析

在任务三的基础上，继续分析怪兽移动过程中碰到炮弹和坦克的情况。

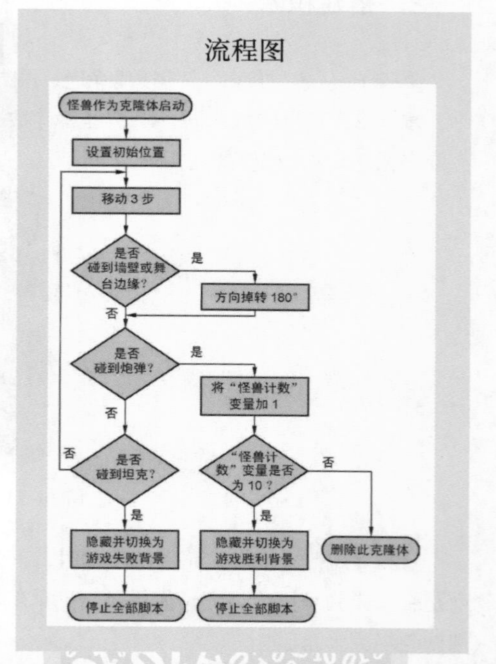

2. 搭建积木

步骤 1：从素材库导入“youwin”“youlose”两个背景。

步骤 2：怪兽如果碰到炮弹，将“怪兽计数”变量的值加 1，然后判断该变量的值是否为 10，如果是，则切换为“youwin”背景，程序结束；如果不是，则删除此克隆体。

步骤 3：怪兽如果碰到坦克，切换为“youlose”背景，隐藏克隆体并结束程序。

根据上述操作步骤，对图 16-12 所示程序进一步扩展，得到如图 16-13 所示程序。

图16-13　“怪兽”角色克隆体的程序片段

16.5　任务拓展

为了让游戏更有趣，请你尝试让怪兽也能够发射炮弹攻击坦克，如果坦克多次被怪兽发射的炮弹击中，则游戏失败，效果如图 16-14 所示。

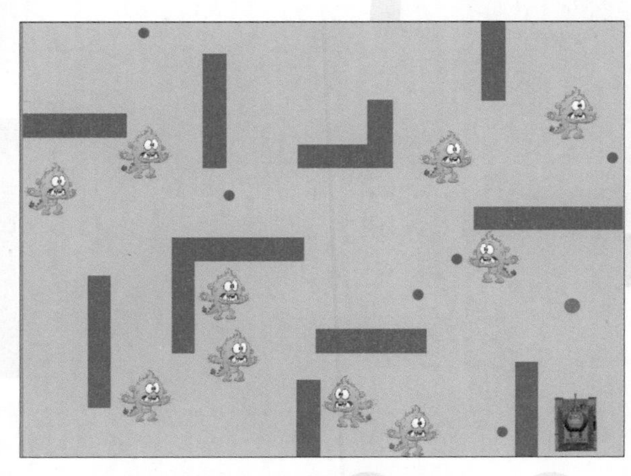

图16-14　任务拓展效果图

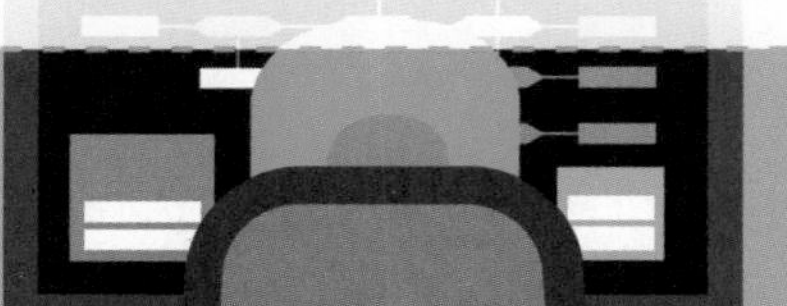